"十二五"职业教育国家规划教材
经全国职业教育教材审定委员会审定

浙江省高校重点教材建设项目

植物生长与环境
实训教程
第二版

叶　珍　张树生　主编

U0228482

化学工业出版社
·北京·

《植物生长与环境实训教程》以植物生长的物质基础、植物生长与环境调控和植物生长发育为主线，从生产实际角度重组了实践教学内容，全书内容分两篇和十个附录，涉及植物解剖、生理代谢、生长发育、土壤的组成及其理化性质、土壤营养与肥料、植物生长与气候环境、植物多样性与分类等方面。重点介绍了40项单项基本技能和12项综合实训项目。综合实训项目以生产过程为主线，将一些单项技能组合起来，形成一个整体，并与生产实际应用相结合，便于学生深入理解实验，掌握其应用，培养学生综合运用能力。

本书可供高职高专植物生产类和农业生物技术类相关专业的学生使用，也可供五年制高职教育、农业技术人员和成人教育院校师生参考。

图书在版编目（CIP）数据

植物生长与环境实训教程/叶珍，张树生主编. —2 版.
北京：化学工业出版社，2016.10
"十二五"职业教育国家规划教材 浙江省高校重点
教材建设项目
ISBN 978-7-122-28131-9

Ⅰ.①植… Ⅱ.①叶…②张… Ⅲ.①植物生长-高等
职业教育-教材 Ⅳ.①Q945.3

中国版本图书馆 CIP 数据核字（2016）第 227568 号

责任编辑：李植峰 迟 蕾　　　　　　装帧设计：史利平
责任校对：宋 夏

出版发行：化学工业出版社（北京市东城区青年湖南街 13 号　邮政编码 100011）
印　　刷：北京云浩印刷有限责任公司
装　　订：三河市骦发装订厂
787mm×1092mm　1/16　印张 12¼　字数 299 千字　2016 年 11 月北京第 2 版第 1 次印刷

购书咨询：010-64518888(传真：010-64519686)　　售后服务：010-64518899
网　　址：http://www.cip.com.cn
凡购买本书，如有缺损质量问题，本社销售中心负责调换。

定　　价：26.00 元

《植物生长与环境实训教程》
编 写 人 员

主　编　叶　珍　张树生

副主编　潘晓琳　王　钫　梅淑芳　徐雅玲　单建民

编写人员　（按姓名汉语拼音排列）

罗天宽（温州科技职业学院）

梅淑芳（金华职业技术学院）

潘晓琳（黑龙江农业职业技术学院）

单建民（苏州农业职业技术学院）

宋建利（温州科技职业学院）

王　钫（浙江省农业科学院）

徐雅玲（阿克苏职业技术学院）

杨卫韵（金华职业技术学院）

叶　珍（温州科技职业学院）

于震宇（阿克苏职业技术学院）

张树生（金华职业技术学院）

张小玲（温州科技职业学院）

朱世杨（温州科技职业学院）

前 言

  《植物生长与环境实训教程》是根据高职高专院校植物生产类和农业生物技术类各相关专业人才培养目标和教学要求而编写的，是植物生长与环境课程的实训教材。本教材立项为浙江省高校重点教材建设项目，并入选"十二五"职业教育国家规划教材。

  《植物生长与环境实训教程》以植物生长的物质基础、植物生长与环境调控和植物生长发育为主线，从生产实际角度重组了实践教学内容。教材分为两篇，第一篇是单项基本技能实训，内容包括植物细胞、植物组织和器官、植物生理代谢的主要生理指标、植物生长发育、土壤的组成及其理化性质、土壤营养与肥料、植物生长与气候环境等方面。通过本篇的学习，学生可了解和掌握基本的实验仪器用途及使用方法，并对理论教学内容进行验证，培养观察问题的能力及对实验数据进行整理、科学分析和总结的能力，达到锻炼基本技能、巩固所学知识的目的。第二篇是综合实训技能，通过本篇内容的学习，学生能充分理解光、温、水、肥、土等环境因素对植物生长发育的影响，强化了与专业课教学的衔接，提高学习积极性和注重理论与实践相结合的自觉性，也有助于培养学生探究、创新能力。教材在实验设计时注重相关内容的有机结合、内容与技术的密切配合、专业基础课与专业课程的相互衔接，具有基础性、可操作性、较强的实践性和先进性。

  本书第一篇的实训二、五至八，实训十四、十六、二十六，三十六，第二篇的综合实训三、六、八和附录由叶珍、单建民编写；第一篇的实训十一、十七、二十三至二十五，第二篇的综合实训七由张树生、梅淑芳、杨卫韵编写；第一篇的实训十、十二、十三，实训十八至二十一由王钫和张树生编写；第一篇的实训九、十五、三十七、三十八由潘晓琳编写；第一篇的实训二十七，实训三十九、四十，第二篇的综合实训五、九由徐雅玲编写；第一篇的实训一、三、四，三十三，第二篇的综合实训一由张小玲编写；第一篇的实训二十八至三十二，第二篇的综合实训十二由朱世杨编写；第一篇的实训三十四、三十五，第二篇的综合实训二、综合实训十一由罗天宽编写；第一篇的实训二十二和第二篇的综合实训四由宋建利编写；第二篇的综合实训十由于震宇编写。全书由叶珍负责统稿。

  教材编写过程中参考了许多国内外教材、专著及科技期刊的大量资料，在此深表感谢。

  由于编者的水平有限，书中难免有不妥之处，恳请采用本书为教材的师生们能及时提出批评意见和建议，以便日后修改完善。

编者
2016 年 3 月

目　录

第一篇　单项实训技能

　　本篇以植物生长的物质基础、植物生长与环境调控和植物生长发育为主线安排相关的单项实训内容，包括植物细胞、植物组织和器官、植物生理代谢的主要生理指标、土壤理化性质测定、环境温度、湿度和光照测定等方面的内容。通过本篇内容的学习，学生可了解和掌握有关实验仪器的用途及使用方法，培养基本的观察能力及对实验数据进行整理和科学分析、总结的能力，从而加深对课堂理论教学内容的理解和验证，进一步巩固课堂理论知识；通过实践操作，学生可掌握基本的实验技术，达到提高实践动手能力、锻炼基本技能的目的。

第一章　植物细胞结构与功能

实训一　显微镜的使用及细胞结构观察

【实训目标】

了解显微镜的构造和各部分的作用，掌握显微镜的使用方法和保养措施；学习植物生活细胞观察方法，掌握植物细胞基本结构；学习临时制片方法和生物绘图方法。

【实训原理】

显微镜是观察研究植物细胞结构、组织特征和器官构造的重要工具。光学显微镜是利用光学的成像原理，观察植物体的结构。

【材料、设备和试剂】

（1）材料　洋葱鳞茎、各种永存切片。

（2）设备　显微镜、载玻片、盖玻片、镊子、解剖针、刀片、培养皿、吸水纸、擦镜纸。

（3）试剂　碘-碘化钾试液、蒸馏水。

【操作方法】

1. 了解显微镜的结构

显微镜的种类很多，有的简单，有的复杂，而且各有专门的用途。这里所介绍的是复式显微镜，它是植物学实验课中最常用的光学仪器。复式显微镜的式样虽有不同，但它们的基本结构相同，都是由光学部分和机械部分组成的（图Ⅰ-1-1）

光学部分包括：物镜、目镜、聚光器和光源。

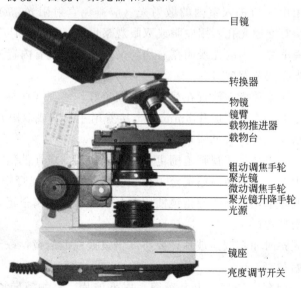

图Ⅰ-1-1　复式显微镜结构图

机械部分包括：镜头转换器、粗聚焦器、细聚焦器、镜臂、载物台、载物推进器、镜座。

2. 显微镜的成像原理

光学显微镜是利用光学的成像原理观察植物体结构的。首先利用反光镜将可见光（自然光或灯光）反射到聚光器中，把光线会聚成束，穿过生物制片（样品），进入到物镜的透镜。因此所观察的制片都要很薄，光线才能穿透。经物镜将制片的结构放大，为倒的实像，再经过目镜放大，映入眼球内最后形成的为放大的倒的虚像（图Ⅰ-1-2）。

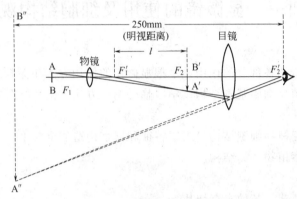

图Ⅰ-1-2　光学显微镜成像原理

3. 普通光学显微镜的使用及保养

（1）取镜和放镜　从显微镜柜中按座号取出镜箱（内有显微镜）时，右手握住镜箱手柄，左手托住镜箱底部，以大拇指按住箱门，并靠胸前拿到座位上。用钥匙打开箱门，右手握住镜臂，左手平托镜座，保持镜体直立（特别不允许单手提着镜子走，防止目镜从镜筒中滑出），放置在座位桌子左侧距桌边 5～6cm 处，以便于观察和防止显微镜掉落。要求桌子平稳，桌面清洁，避免阳光直射。然后用纱布擦拭镜身机械部分的灰尘，用特制擦镜纸擦拭光学部分。

（2）对光　一般用由窗口进入室内的散射光（应避免直射阳光），或用日光灯作光源。对光时，先将低倍物镜对准通光孔，用左眼或双眼观察目镜。然后，调节反光镜或打开内置光源并调节光强，使镜下视野内的光线明亮、均匀又不刺眼。装有内置光源的显微镜，只要打开电源开关，使用光亮调节器即可。

（3）低倍镜使用　将玻片标本放置在载物台上固定好，使观察材料一定正对着通光孔中心。转动粗动调焦手轮下降物镜距玻片 5mm 处，接着用左眼（或双眼）注视镜筒，再慢慢用粗动调焦手轮上升物镜，直到看见清晰的物像为止。

（4）高倍镜使用　由于高倍镜视野范围更小，所以使用前应在低倍镜下选好欲观察的目标，并将其移至视野中央，然后转高倍镜至工作位置。高倍镜下视野变暗且物像不清晰时，可调节光亮度和微动调焦手轮。由于高倍镜使用时与玻片之间距离很近，因此，操作时要特别小心，以防镜头碰击玻片。

（5）调换玻片　观察时如需调换玻片，要将高倍镜换成低倍镜，取下原玻片，换上新玻片，重新从低倍镜开始观察。

（6）使用后整理　观察完毕后，上升镜筒，取下玻片，将物镜转离通光孔呈非工作状态，放上擦镜布，按原样收好显微镜。

（7）保养和使用显微镜应注意的事项

① 显微镜是精密仪器，使用时一定要严格遵守操作规程。不许随便拆修，如某一部分发生故障时，应及时报告教师处理。

② 要随时保持显微镜清洁，不用时及时收回镜箱或用塑料罩罩好。如有灰尘，机械部分用纱布擦拭，光学部分用镜头毛刷拂去或用洗耳球吹去灰尘，再用擦镜纸轻擦，或用脱脂棉棒蘸少许酒精乙醚混合液由透镜中心向外进行轻擦，切忌用手指、纱布等擦抹。

③ 观察临时装片，一定要加盖盖玻片，还须将玻片四周溢出水液擦干再进行观察，并且不能使用倾斜关节，以免水、药液流出污染镜体，损坏镜头。不要让显微镜在阳光下暴晒。电光源在不进行观察时应及时关闭。

④ 使用 4× 物镜观察，视野内往往出现外界景物，此时可慢慢下降聚光器至景物消失，或配合使用凹面反光镜。

⑤ 观察显微镜时，坐姿要端正，双目张开，切勿紧闭一眼。用左眼观察，右眼作图，应反复训练。

⑥ 保养显微镜要求做到防潮、防尘、防热、防剧烈震动，保持镜体清洁、干燥和转动灵活。箱内应放一袋蓝绿色的硅胶干燥剂。不用镜头应用柔软清洁的纸包好，置于干燥器内保存，梅雨季节要注意检查和擦拭镜头。

4. 植物细胞基本结构观察

取洋葱鳞茎表皮细胞制片或用新鲜材料撕取表皮制临时装片观察。先进行低倍物镜观察，可见洋葱表皮为一层细胞，注意细胞的形态构造和排列。细胞多为近长方形，形态相似。移动装片，选择几个形状较规则、结构清晰的细胞置于视野中央，然后换用高倍物镜，观察一个典型的植物细胞的基本结构，可分辨细胞壁、细胞质、细胞核结构。由于大液泡的形成，细胞核位于一侧，高倍镜下还可看见核仁。通过调节微动调焦手轮可使细胞的不同层次依次成像，加深对细胞立体结构的理解。识别以下各部分，着重观察细胞核与液泡：

（1）细胞壁　为植物细胞所特有，包围在原生质体最外面。由于细胞壁无色透明，故观察时上面和下面的壁不易看见，而只能看到侧壁。

（2）细胞质　为无色透明胶体，成熟细胞由于中央大液泡形成，细胞质被大液泡挤成一薄层，紧贴细胞壁，仅细胞两端较明显。如果是幼嫩细胞，细胞质被几个小液泡分隔。当缩小光圈使视场变暗时，在细胞质中可看到一些无色发亮的小颗粒，是白色体。

（3）细胞核　为一个近圆形小球体，它由更稠的原生质组成。在成熟细胞中，细胞核位于细胞边缘靠近细胞壁。幼嫩细胞的核位于细胞中央的细胞质中。轻轻调节微动调焦手轮，在细胞核中还可看到一至多个发亮的小颗粒，即核仁。一般细胞核都具有核膜、核仁和核质三部分。如果在撕取表皮时，扯破了细胞，核与质均外流，就看不到细胞核了。

（4）液泡　在成熟细胞的原生质体中，可见到一个或几个大液泡位于细胞中央，里面充满了细胞液，看起来比细胞质透明。

5. 临时制片方法

（1）清洁玻片　供显微镜观察用的标本必须用载玻片和盖玻片制成玻片。玻片除要求无色、平滑、透明度好之外，使用时应将载玻片和盖玻片用纱布擦拭干净。因盖玻片极薄，注意擦拭时不要用力过猛使之破碎伤手。若玻片很脏，可用酒精擦拭或用碱水煮片刻，再清水洗净擦干。

（2）滴水　将干净载玻片平放于桌面上，用吸管在玻片中央加一滴水（也可是其他染液），水可以保持材料呈新鲜状态，避免材料干缩，同时使物像透光均匀而显得更加清晰。

（3）取材　用镊子撕取或挑取新鲜材料，注意材料不要过大或过多，立即放入载玻片水中或染液中。如为表皮，要将其展平不重叠。

（4）加盖玻片　用镊子轻夹盖玻片的一边，使盖玻片的相对另一边先接触载玻片上的水滴，然后慢慢地把盖玻片轻轻盖在材料上，尽量避免气泡产生。如有气泡，可用镊子从盖玻片的一侧掀起，然后再慢慢重新盖上。如有水溢出盖玻片，特别是染液，一定要将其用吸水纸吸干净。

（5）加染液染色　染液染色也可在用水加盖玻片后进行。方法是滴一滴染液在盖玻片旁，用吸水纸在另一边吸，直到染液充满为止。良好的装片标准是：材料无皱褶，不重叠，水分适宜，无气泡。

6. 生物绘图方法

（1）要求　细胞和组织绘图是根据显微镜下的观察内容绘制的，因此，首先要充分观察了解所绘材料的特点、排列及比例。选择有代表性的、典型的部位进行绘图。客观真实地反映材料的自然状态。

（2）基本步骤

① 根据绘图纸张大小和绘图的数目，安排好每个图的位置及大小，并留好注释文字和图名的位置。

② 将图纸放在显微镜右方，依观察结果，先用 HB 型铅笔轻轻勾一个轮廓，确认各部分比例无误后，再把各个部分勾画出来。

③ 生物绘图通常采用"积点成线，积线成面"的表现手法，即用线条和圆点来完成全图。绘线条时要求所有线条都均匀、平滑，无深浅、虚实之分，无明显的起落笔痕迹，尽可能一气呵成不反复。圆点要点得圆、点得匀，其疏密程度表示不同部位的颜色深浅。

④ 绘好图之后，用引线和文字注明各部分名称。注字应详细、准确，且所有注字一律用平行引线向右一侧注明，同时要求所有引线右边末端在同一垂直线上。在图的下方注明该图名称，即某种植物、某个器官的某个制片和放大倍数。

注意：所有绘图和注字都必须使用 HB 型铅笔，不可以用钢笔、圆珠笔或其他笔。

【实训结果】

绘 1～2 个洋葱鳞茎表皮细胞图并引线注明各部分名称。

思　考　题

1. 显微镜的构造分哪几部分？各部分有什么作用？
2. 如何正确使用显微镜？使用时应特别注意什么问题？
3. 使用显微镜过程中，应做好哪些保养工作？

参　考　文　献

[1] 谢国文，姜益泉等. 植物学实验实习指导. 北京：中国科学文化出版社，2003.
[2] 何凤仙. 植物学实验. 北京：高等教育出版社，2000.
[3] 杜广平. 植物与植物生理. 北京：北京大学出版社，2007.
[4] 邹良栋. 植物生长与环境实训. 北京：高等教育出版社，2008.

附：数码互动生物显微镜使用（Motic 数码互动）

Motic 数码互动教室是全新的交互手段，可以提供多功能的图像处理。教师只需通过一台计算机，就能观察所有学生的显微镜画面，对其进行图像处理，并指导学生纠正实验中存在的错误。同时，学生可以通过提问系统及时得到老师的帮助，使得教学相长，师生间的交流更加简单、有效，沟通更加融洽、直观。

一、教师操作手册

1. 上课时

（1）打开总电源，再打开电脑主机电源；打开投影仪电源，放下投影屏幕。

（2）在教师电脑桌面点击进入数码课室 Motic Digiclass/Digilab 1.2 软件。

（3）显微镜 DMBA300 与 Motic DigiClass 1.2 软件的使用。

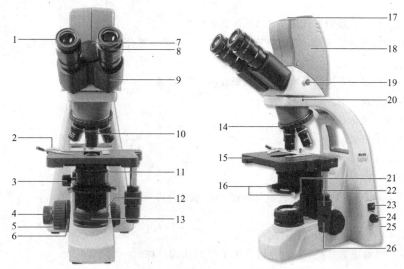

图Ⅰ-1-3　DMBA300-B 显微镜

1—目镜；2—片夹；3—聚光镜升降调节手轮；4—微动调焦手轮；5—粗动调焦手轮；

6—粗动调节扭矩（松紧调节圈）；7—瞳距刻度；8—视度调节圈；9—双目镜筒；10—物镜；

11—聚光镜孔径光栏；12—滤色片座；13—视场光栏调节圈；14—物镜转换器；15—机械载物台；

16—聚光镜调中螺钉；17—指示灯；18—铰链式双目数码头；19—拉杆；20—镜筒紧定螺钉；

21—聚光镜紧定螺钉；22—载物台 Y 向调节手轮；23—电源开关；24—亮度调节手轮；

25—90V-240V AC 电源输入；26—载物台 X 向调节手轮

① 亮度调节　旋转亮度调节手轮（图Ⅰ-1-3），获得所需的适当的亮度。

② 拉出拉杆　当拉出拉杆（图Ⅰ-1-3）到定位位置时，可使目镜观察的同时，也能在电脑上实时观察到显微镜镜下图像。

③ 瞳距调节　通过 10× 物镜对标本进行调焦至清晰，调节瞳距（图Ⅰ-1-3），使左、右目视场中的图像重合。

④ 左右目齐焦调节　旋转可调目镜上的视度（图Ⅰ-1-3）补偿筒上数值到通常"0"位置。如需要，以右眼为标准在 40 倍物镜下调焦清楚，调节左目镜视度调节筒直至左目镜下图像清楚。

⑤ 聚光镜调节　通过移动聚光镜调节手轮（图Ⅰ-1-3）可获得较好的聚焦的光源像（通常在最高处）。

⑥ 孔径光栏的调节　通常在"40"位置，像质可获得较完美的对比度。如果用 100× 观察则向左调高到 100 或更大位置。

⑦ 软件中打开"教师通道"，点击"自动曝光"、图像中选取找镜下白色区域点击"白平衡"。通过"高级"选项中调整"红"、"绿"、"蓝"，使电脑显示器图像与显微镜所观察图像色彩接近。

⑧ 打开"学生通道"可以同时显示通道内所有学生端的显微镜图像，教师要观察其中的一张时，只要

左键单击相应号码的图像，就可进行单独观察；右键单击恢复到一组（全部显示）状态。

⑨ 教师可以通过语音控制面板，根据教学需要任意选择"全通话"、"学生示范"、"师生对讲"等与学生沟通。同时，可以允许或拒绝学生拍照。当老师回答完问题后可按"清除呼叫"让学生重新提问。

（4）再打开教师显微镜电源开关（底座后面），用 10 倍物镜，在不放切片情况下，将光源调到舒适的位置。

（5）在软件中切入"教师通道"，再点击"自动曝光"和"白平衡"按钮。

（6）放上切片，调节适合的观察亮度，再调焦获得目镜下清晰图像。再点"自动曝光"按钮以获得好的电脑显示器图像。

（7）调整软件"伽码值"、饱和度、红、蓝等调节功能，直至得到真彩色，即电脑图像与镜下图像很接近。

（8）进入高级按钮，曝光方式选择"自动调整曝光"。

（9）开始用教师显微镜示教，遇到细节结构，应用"区域预览/恢复"进行放大预览。

2. 下课时

（1）将教师显微镜光源调到最暗，即关到最底的"0"位置。

（2）关显微镜电源，套上防尘罩。

（3）关闭电脑、投影仪。

（4）关闭电源总开关。

二、学生操作手册

1. 观察前准备

（1）检查　底座右侧的光源亮度旋钮是否在"0"位置，即顺时针旋到最底位。

（2）开机

① 打开后座主电源开关——绿色钮。

② 打开后座 CCD 电源开关——红色钮。拉开 CCD 头部拉杆。

（3）白平衡调整　不放切片，在 10 倍物镜下将电源调到适中的亮度（5-6），然后轻按住底座右方的白平衡按钮（红色钮）3～5s。

2. 观察操作

（1）放上切片，将光源调到舒适的亮度状况。

（2）视度补偿　调节目镜双筒找到自己的瞳距，此时两眼睛下的图像重合在一起，横拉板上的数字（例如"64"其中一格是 2）就是自己的瞳距，然后将两只目镜外侧的刻度线调整到瞳距数字（例如"64"其中一格是 1）的位置。如果此步骤操作不正确，绿色光标将出现重影现象。

（3）调焦　将绿色光标移到视场中央，开始观察，如需提问，将有疑问的结构移到光标指示处，按下呼叫按钮，请老师解答！

3. 下课时的操作

（1）将光源亮度调到最低（"0"刻度）。

（2）关红色 CCD 电源开关，再关绿色主电源开关，把拉杆推回原位，从电源插座上拔下电源插头。

（3）降低载物台，将接物镜转离聚光器。

（4）套上显微镜防尘罩。

（张小玲　编）

实训二　植物细胞中后含物的观察

【实训目标】

了解植物细胞内后含物的主要类型，学会用简单的显微化学方法鉴定细胞中的主要贮藏物质。

【实训原理】

细胞在生长分化过程中以及成熟后，由于代谢活动产生的贮藏物质或废物统称为后含物。后含物有的存在于液泡中，有的存在于细胞器内。在后含物中主要是贮藏物质，其中以淀粉、糖、脂类和蛋白质为主。观察淀粉粒的理想材料是马铃薯，在块茎中有大量的薄壁组织细胞，细胞中含有丰富的淀粉粒。淀粉遇碘液变成蓝色，是鉴别淀粉的主要方法。许多种类的果实和种子中常含有贮藏的蛋白质，称为固体的蛋白质——糊粉粒。糊粉粒遇碘液变成黄色，是鉴别蛋白质的主要方法。脂类大量存在于油料植物种子和果实内，常以油滴形式存在，用苏丹Ⅲ染色后呈黄色、橙黄色、橙红色或红色。

【材料、设备和试剂】

（1）材料　马铃薯块茎、菜豆种子、花生种子。

（2）设备　显微镜、载玻片、盖玻片、镊子、解剖针、双面刀等。

（3）试剂

①碘-碘化钾溶液：碘化钾 3g 溶于 100mL 蒸馏水，待全部溶解后再加 1g 碘，振荡溶解，保存于棕色是极品备用。

②苏丹Ⅲ：苏丹Ⅲ干粉 1g 溶于 100mL 70％乙醇。

【操作方法】

1. 马铃薯块茎薄壁细胞中淀粉粒的观察

取马铃薯一小块，用刀片切去表面氧化层，刮取少许汁液，制成临时装片，置低倍显微镜下观察，可见大小不等的颗粒，即淀粉粒（图Ⅰ-2-1）。从盖玻片一侧滴加稀释 3～5 倍的碘-碘化钾溶液，从另一侧吸水，使染液逐渐进入盖玻片下，淀粉粒被染成蓝色。

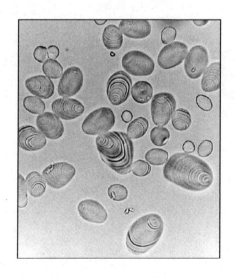

图Ⅰ-2-1　显微镜下马铃薯淀粉粒

2. 菜豆种子薄壁细胞中糊粉粒的观察

取一粒浸泡过的菜豆种子，剥去种皮，用刀片将菜豆种子的子叶横切成许多薄片，放入盛有水的培养皿中。用镊子选取较薄的切片放在载玻片上，加 1 滴碘-碘化钾溶液，制片观察。观察时可以看到细胞中充满贮藏物质，其中被染为蓝紫色的部分是淀粉粒，被染为金黄色的部分是糊粉粒。

3. 花生种子薄壁细胞中油滴的观察

取花生种子的肥厚子叶，用刀片切成薄片放在载玻片上，用苏丹Ⅲ染色 3～5min，若室温低可在酒精灯上轻微加热，促进材料着色。出现红色后，立即用 50％乙醇冲洗，除去多余的染料，盖上盖玻片观察。在显微镜下，可以观察到细胞内有许多大小不等的球形或不规则形状的橙红色小油滴。

【实训结果】

绘出马铃薯块茎中淀粉粒，并注明各部分名称。

思 考 题

1. 淀粉、脂肪和蛋白质三种代谢产物一般贮藏在细胞的什么部位？
2. 为什么在光学显微镜下可以看到淀粉粒的层纹呢？

参 考 文 献

[1] 汪矛. 植物生物学实验原理和技术教程. 北京：科学出版社，2003.
[2] 初庆刚，王伟. 植物学实验教程. 北京：高等教育出版社，2011.

（叶珍 编）

第二章　植物组织和器官

实训三　植物组织和器官结构观察比较

【实训目标】

熟悉在显微镜下植物组织结构的观察，了解并掌握各种植物组织的形态、位置、结构及功能。了解不同组织间的相互联系。

【实训原理】

利用显微镜观察植物组织和器官的结构特征。

【材料、设备和试剂】

（1）材料　各种组织器官永久装片。洋葱根尖（小麦根尖，蚕豆根尖）、菠菜或蚕豆、鸭跖草等植物叶片。

（2）设备　显微镜，水杯，剪刀，培养皿，滴管，载玻片，盖玻片，吸水纸，刀片，镊子，解剖针，纱布，毛笔等。

（3）试剂　醋酸洋红染液或碘-碘化钾溶液。

【操作方法】

1. 根尖结构与顶端分生组织的观察

取根尖纵切片置于低倍镜下观察，可以看到植物的根尖从其尖端向上依次为根冠、分生区、伸长区和根毛区。根尖的最前端一个帽状的结构，是由许多排列疏松的细胞组成，叫根冠。在根冠的内方，就是根尖的分生区。再转换高倍镜，就可以观察到根尖的顶端分生区的细胞间排列紧密，无孔隙存在，细胞的形状几乎等径。细胞壁很薄，细胞质稠密，液泡很小。细胞核在细胞的比例上较大，居于细胞中央，具有不断分裂的能力。由于这部分细胞的不断分裂，引起根尖的顶端生长，这部分也叫顶端分生组织。伸长区细胞明显液泡化，细胞纵向伸长。根毛区表皮细胞外壁向外突出形成根毛（图Ⅰ-3-1、图Ⅰ-3-2）。

2. 双子叶植物根的初生结构

取蚕豆、棉等双子叶植物幼根横切片观察。在低倍镜下就能将根的初生结构区分为表皮、皮层和中柱三大部分，再换高倍镜由外向内仔细观察各部分的结构特点（图Ⅰ-3-3）。

（1）表皮　位于幼根最外层，由排列紧密、较小的细胞组成，在横切面上呈近方形，其中有的细胞外壁向外突起并延伸形成根毛，但多数材料在制片过程中损坏了。

（2）皮层　表皮以内、中柱以外的部分，占据根横切面大部分面积，由多层薄壁细胞组成。

① 外皮层　1～2层与表皮相接，排列紧密且形状规则的薄壁细胞。

② 皮层薄壁细胞　外皮层以内的薄壁细胞，由几层至十几层细胞组成，细胞体积大，排列疏松，有明显的胞间隙（有些植物的幼根中，外皮层与皮层薄壁细胞没有明显区别）。

③ 内皮层　皮层最内一层细胞，在细胞径向壁与横壁上有一条木栓质的带状加厚，称

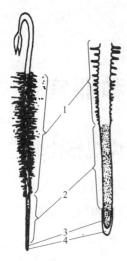 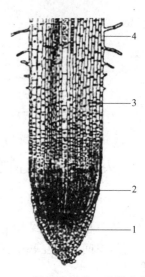

图Ⅰ-3-1　根尖外形与分区　　　　　　　　图Ⅰ-3-2　根尖纵切片（示根尖分区）

1—根毛区；2—伸长区；3—分生区；4—根冠　　　1—根冠；2—分生区；3—伸长区；4—根毛区

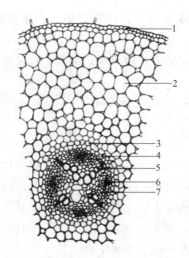

图Ⅰ-3-3　蚕豆幼根横切示初生构造

1—表皮；2—皮层；3—内皮层；4—中柱鞘；

5—初生木质部；6—初生韧皮部；7—薄壁细胞

为凯氏带，但在横切面上不易切到横壁，故只能看到径向壁（侧壁）上增厚的部分，被染成红色的凯氏点。

（3）维管柱　是内皮层以内的中轴部分，由中柱鞘、初生木质部、初生韧皮部和形成层等组成。

①中柱鞘　是中柱最外层，通常由1～2层细胞组成，细胞壁薄、排列整齐而紧密。它在根中起重要作用，保持着分生组织的特点和分生功能，侧根、第一次木栓形成层和维管形成层的一部分等都发生于中柱鞘。

②初生木质部　其导管常被染成红色，其细胞壁厚而细胞腔大，排列成四束呈星芒状。

③初生韧皮部　位于初生木质部的两个放射棱之间，与初生木质部相间排列，由筛管、伴胞等构成。

④ 形成层　位于初生木质部和初生韧皮部之间的薄壁细胞，当根进行次生生长时它会进行细胞分裂。

3. 叶的结构与保护组织的观察

（1）双子叶植物叶的结构　取夹竹桃叶横切片于低倍镜下观察，分清上、下表皮，叶肉和叶脉等几个部分的基本构造，然后转换高倍镜观察（图Ⅰ-3-4）。

图Ⅰ-3-4　夹竹桃叶横切面

1—角质层；2—表皮；3—栅栏组织；4—叶脉；5—气孔；

6—表皮毛；7—海绵组织；8—气孔窝；9—晶体

① 表皮　分为上表皮与下表皮，均为一层细胞，排列紧密，细胞外壁角质化，有角质层。下表皮气孔较多。

② 叶肉　分为栅栏组织与海绵组织。栅栏组织紧靠上表皮，细胞排列紧密而整齐，其长轴垂直于表皮，细胞含叶绿体较多，一层细胞。海绵组织位于栅栏组织和下表皮之间，细胞排列疏松，细胞呈圆形、椭圆形，细胞间隙发达，排列无序，细胞含叶绿体较少。

③ 叶脉　主脉由维管束和机械组织组成。

（2）双子叶植物叶下表皮气孔的结构观察　取番薯或蚕豆叶片，将其背面向上，放在左手食指上，用中指和大拇指夹住叶片两端，用镊子撕取下表皮一小块，作临时装片，置低倍镜下观察，可见表皮细胞彼此相互镶嵌，侧壁呈波浪状，排列紧密无胞间隙，细胞中具有无色透明的细胞质及圆形的细胞核。在表皮细胞之间分布着许多气孔器，选择一个较清晰的气孔器，转换高倍镜仔细观察，它由两个肾形保卫细胞和气孔缝组成（无副卫细胞）（图Ⅰ-3-5），注意观察保卫细胞初生壁的特点和内含的叶绿体。

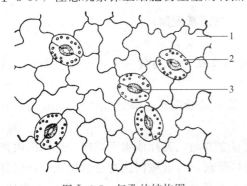

图Ⅰ-3-5　气孔的结构图

1—表皮细胞；2—保卫细胞；3—保卫细胞围成的气孔

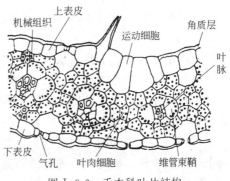

图Ⅰ-3-6　禾本科叶片结构

（3）禾本科植物叶的显微结构　取水稻叶的横切片于显微镜下观察。单子叶植物叶由表皮、叶肉和叶脉三部分构成。注意与双子叶植物叶的区别。单子叶植物叶在上表皮中可见大型的泡状细胞，叶肉无栅栏组织与海绵组织的分化（图Ⅰ-3-6）。

【实训结果】

1. 绘根或茎的结构图，并注明各部分名称。
2. 绘蚕豆叶表皮细胞图，并注明各部分的名称。

思　考　题

1. 维管束包括哪几部分？每一部分包括哪些组织？其主要功能是什么？
2. 在显微镜下如何找到具有凯氏带或凯氏点的内皮层细胞，这些细胞执行什么生理功能？
3. 比较单子叶植物叶与双子叶植物叶的结构异同点。

参　考　文　献

[1]　邹良栋. 植物生长与环境实训. 北京：高等教育出版社，2008.
[2]　王衍安. 植物与植物生理实训. 北京：高等教育出版社，2008.
[3]　杜广平. 植物与植物生理. 北京：北京大学出版社，2007.

（张小玲　编）

实训四　植物徒手切片技术

【实训目标】

学习掌握徒手切片的方法。

【实训原理】

徒手切片是植物形态解剖学实验教学中最简便的一种切片方法。其优点是工具简单，方法简单易学，所需时间短，即切即可观察；若需染色制成永久片，也花时间不长，还有一个独特优点是可看到自然状态下的形态与颜色。

【材料、设备和试剂】

（1）材料　幼嫩植物各部分，根据季节选择材料，如女贞叶片等；支持物（胡萝卜、萝卜或马铃薯）。

（2）设备　显微镜、刀片、小培养皿、镊子、毛笔、吸水纸、纱布、载玻片、盖玻片等。

（3）试剂　10%番红水溶液、0.5%固绿（用95%的酒精配制）。

【操作方法】

（1）将培养皿中盛上蒸馏水（或清水）。把叶片切成0.5cm宽的窄条，夹在胡萝卜（或萝卜或通草）等长方条的切口内。

（2）取上述一个长方条用左手的拇指和食指拿着，使长方条上端露出1～2mm高，并以无名指顶住材料。用右手拿着刀片的一端。

（3）把材料上端和刀刃先蘸些水，并使材料成直立方向，刀片成水平方向，自外向内把材料上端切去少许，使切口成光滑的断面，并在切口蘸水，接着按同法把材料切成极薄的薄片（愈薄愈好）。切时要用臂力，不要用腕力及指力，刀片切割方向由左前方向右后方拉切；拉切的速度宜较快，中途不要停顿。充分利用刀锋，把材料切成正而平的薄片，如图Ⅰ-4-1

所示。连续切下数片后，把切下的切片用小镊子或解剖针拨入表面皿的清水中，切到一定数量后，进行选片，选取最好的薄片进行装片观察。

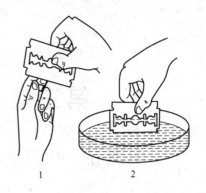

（4）如需染色，可把薄片放入盛有染色液的表面皿内，染色约 1min，轻轻取出放入另一盛清水的表面皿内漂洗，之后，即可装片观察。也可以在载玻片上直接染色，即先把薄片放在载玻片上，滴一滴染色液。约1min，倾去染色液，再滴几滴清水，稍微摇动，把清水倾去，然后再滴一滴清水，盖上盖玻片，便可镜检。

图Ⅰ-4-1　徒手切片法
1—徒手切片；2—从刀片上取下切片

（5）注意，在切片过程中要注意刀片与材料始终要带水。这样一则增加刀的润滑；二则可以保持材料湿润，不至于因失水而导致细胞变形及产生气泡。刀片用后应立即擦干水，在刀口上涂上凡士林或机油包好以免生锈。

【实训结果】

将自己做的切片选择一片最好的在显微镜下观察，然后绘部分详图，并引注各部分名称及标题。

思 考 题

1. 切片时，要注意哪些方面？
2. 什么样的切片是好的切片？

参 考 文 献

[1] 王衍安. 植物与植物生理实训. 北京：高等教育出版社，2008.
[2] 杜广平. 植物与植物生理. 北京：北京大学出版社，2007.

（张小玲　编）

第三章　植物的光合作用

实训五　叶绿素提取与含量测定（分光光度法）

【实训目标】

了解叶绿体色素的光学性质，掌握叶绿素含量的测定方法，并熟练掌握分光光度计的使用方法。

【实训原理】

叶绿素 a 对红光的吸收峰为 663nm，对叶绿素 b 的吸收峰为 645nm。叶绿素对光的吸收服从朗伯-比尔定律，即叶绿素在此波长的吸光度（光密度 OD）与提取液中的叶绿素浓度成正比。因而，可用分光光度计测定叶绿素提取液在 663nm 和 645nm 波长的吸光度，再利用 Arnon 公式计算出叶绿素 a、叶绿素 b 及叶绿素的总含量。

【材料、设备和试剂】

（1）材料　新鲜植物叶片。

（2）设备　分光光度计、容量瓶、漏斗、研钵、玻棒、滤纸、天平(感量百分之一)等。

（3）试剂　80%丙酮、$CaCO_3$、石英砂。

【操作方法】

（1）色素提取　称取绿色叶片 0.5g 剪碎置研钵中，加少许碳酸钙、石英砂和 80%丙酮充分研磨，过滤，滤液入 25mL 容量瓶。用 80%丙酮反复洗涤残渣，至滤纸无绿色，合并滤液，定容。

（2）比色　取上述提取液 1mL 稀释至 10mL，摇匀。以 80%丙酮为参比液，在分光光度计 663nm、645nm 下测其光密度。（注：若以 95%的乙醇为参比液，在分光光度计 665nm、649nm 下测其光密度。）

【实训结果】

按下列 Arnon 公式计算材料中叶绿素 a（chla）、叶绿素 b（chlb）及叶绿素（chl）总含量。参比液为丙酮按式（Ⅰ-5-1）、式（Ⅰ-5-2）和式（Ⅰ-5-3）计算。参比液为 95%乙醇按公式（Ⅰ-5-4）、（Ⅰ-5-5）和（Ⅰ-5-6）计算：

$$\text{Chla 含量}(mg/g) = (12.71OD_{663} - 2.59OD_{645}) \times \frac{V}{W \times 1000} \qquad (Ⅰ\text{-}5\text{-}1)$$

$$\text{Chlb 含量}(mg/g) = (22.88OD_{645} - 4.67OD_{663}) \times \frac{V}{W \times 1000} \qquad (Ⅰ\text{-}5\text{-}2)$$

$$\text{Chl 总含量}(mg/g) = (20.29OD_{645} + 8.04OD_{663}) \times \frac{V}{W \times 1000} \qquad (Ⅰ\text{-}5\text{-}3)$$

$$\text{Chla 含量}(mg/g) = (13.95OD_{665} - 6.88OD_{649}) \times \frac{V}{W \times 1000} \qquad (Ⅰ\text{-}5\text{-}4)$$

$$\text{Chlb 含量}(mg/g) = (24.96OD_{649} - 7.32OD_{665}) \times \frac{V}{W \times 1000} \qquad (Ⅰ\text{-}5\text{-}5)$$

$$\text{Chl 总含量}(mg/g) = (6.63OD_{665} + 18.08OD_{649}) \times \frac{V}{W \times 1000} \qquad (Ⅰ\text{-}5\text{-}6)$$

式中　OD——测定波长下的光密度值；

　　　　V——叶绿素提取液总体积（若用的稀释液，则应乘稀释倍数），mL；

　　　　W——材料鲜重，g。

附：叶绿体色素简便提取法

　　采用研磨方法提取光合色素，较费工费时，容易出现误差。为此，可采用丙酮-乙醇混合液浸提法。其方法是，将待测叶片剪碎，装入具塞刻度试管中，加入丙酮-乙醇混合液（1∶1，体积比）10mL，使叶片完全浸入液体中，加盖。放入暗处，如能置于30～40℃温箱中更好。当叶片完全变白时，倾出浸提液，以丙酮-乙醇液洗涤材料及试管数次，合并提取液和洗涤液，定容后即可比色。

思　考　题

1. 试比较阴生植物和阳生植物的叶绿素 a 与叶绿素 b 的比值有无不同。
2. 叶绿素 a、叶绿素 b 在蓝光区也有特征吸收波长，能否用其蓝光区最大吸收波长测定上述提取液中叶绿素的含量？为什么？

参　考　文　献

[1]　郝建军，康宗利，于洋. 植物生理学实验技术. 北京：化学工业出版社，2007.67-70.
[2]　白宝璋. 植物生理学测试技术. 北京：中国科学技术出版社，1993.
[3]　王衍安. 植物与植物生实训. 北京：高等教育出版社，2004.78-81.

（叶珍　编）

实训六　植物光合速率测定（改良半叶法）

【实训目标】

　　掌握光合速率的概念，学习并掌握改良半叶法规定大田作物光合速率的原理和方法。

【实训原理】

　　光合作用是植物特有的基本功能，是作物产量形成的基础。光合作用总反应为：

$$CO_2 + H_2O \xrightarrow{\text{光}} (CH_2O) + O_2$$

　　可通过测定反应物 CO_2 的消耗量或任一种产物的生成量来确定光合速率，针对不同物质采用不同测定方法。一般用单位时间单位叶面积（或重量）上 CO_2 的吸收量、O_2 释放量或干重增量来表示。

　　改良半叶法即干重法是将植物对称叶片（即叶片的主脉两侧叶面积基本相等，其形态和生理功能也基本一致）的一半遮光或取下置于暗处，另一半则留在光下进行光合作用，并用物理或化学方法处理叶柄或茎的韧皮部，以阻断叶片光合产物的外运；过一定时间后，测定比较两半叶对称部位的叶重。照光后的叶片重量超过暗处理的叶重，其超过部分即为光合作用积累干物质的重量。根据测定叶面积、光合时间和干重增量即可计算净光合速率。

【材料、设备及试剂】

　　（1）材料　田间生长正常的植株。

　　（2）设备　剪刀、分析天平、称量瓶、烘箱、刀片、金属模板或硬塑料叶模、锡纸、塑料袋（盒）。

　　（3）试剂　5％三氯乙酸。

【操作方法】

(1) 选择测定材料　在田间选定有代表性植株叶片(如叶片在植株上的部位、叶龄、受光条件等)10～20 张，用小纸牌编号。

(2) 叶片基部处理　为了阻止叶片中光合作用产物外运，确保测定结果的准确性，选择下列方法对叶片基部进行处理：

① 环割　能将叶柄韧皮部破坏，阻止光合产物外运。对棉花等双子叶植物的叶片可用刀片将叶柄的外表环割 0.5cm 左右宽。适用于韧皮部和木质部容易分开的双子叶植物。

② 烫伤　用刚在开水中浸过的纱布或棉花将叶子基部烫伤一小段。一般用 90℃以上的开水烫 20s。此法适用于韧皮部和木质部难以分开处理的小麦、水稻等单子叶植物。

③ 化学环割　将三氯乙酸（一种强烈的蛋白质沉淀剂）点涂叶柄，待渗入叶柄后可将筛管生活细胞杀死，而起到阻止光合产物运输的作用。三氯乙酸的浓度，视叶柄的幼嫩程度而异，以能明显灼伤叶柄而不影响水分供应，不改变叶片角度为宜。一般使用 5％三氯乙酸。此法适用于叶柄木质化程度低、易被折断叶片的植物。

为了使烫后或环割等处理后的叶片不致下垂影响叶片的自然生长角度，可用锡纸或塑料管包围之，使叶片保持原来的着生角度。

(3) 剪取样品　叶基部处理完毕后，记录时间并开始进行光合作用测定。按编号依次剪下每片处理叶片的一半（主脉不剪下），按编号顺序夹于湿润的纱布中，储于暗处。过 4～5h 后，再依次剪下另外半叶，同样按编号夹于湿润的纱布中带回室内。两次剪叶的速度尽量保持一致，使各叶片经历相同的光照时数。

(4) 称重比较　将各同号叶片之两半按对应部分叠在一起，在无粗叶脉处放上叶模(如棉花可用 1.5cm×2cm，小麦可用 0.5cm×4cm)，用刀片沿边切下两个叶块，分别置于标有"光"、"暗"的两个称量瓶中。在 80～90℃下烘至恒重(约 5h)，在分析天平上称重比较。

【实训结果】

据"光"与"暗"等面积叶片干重差、叶面积（dm^2）和照光时间（h），计算光合速率。计算公式如下：

$$净光合速率[以干重计, mg/(dm^2 \cdot h)] = \frac{\Delta W}{S \times t}$$

式中　ΔW——干重增加量，mg；

　　　　S——切取叶面积总和，dm^2；

　　　　t——光照时间，h。

注：叶片储存的光合物一般为蔗糖和淀粉，可将干物质重量乘系数 1.5，折算成二氧化碳同化量，则光合速率单位为 $mgCO_2/(dm^2 \cdot h)$。

思 考 题

1. 用改良半叶法测定光合速率，产生误差的因素有哪些？怎样避免？
2. 你认为本实验成功的关键步骤是哪一步？

参 考 文 献

[1] 张志良，瞿伟菁. 植物生理学实验指导. 北京：高等教育出版社，2003.73-75.
[2] 郝建军，康宗利，于洋. 植物生理学实验技术. 北京：化学工业出版社，2007.73-74.

（叶珍　编）

第四章　植物的呼吸作用

实训七　植物呼吸速率的测定（小篮子法）

【实训目标】

掌握呼吸速率的概念，了解环境条件对呼吸速率的影响，掌握测定呼吸速率的方法。

【实训原理】

呼吸速率，是植物生命活动最重要的指标之一，在植物生理研究及生产实践中都有测定的必要。

植物进行呼吸时放出的 CO_2，用 $Ba(OH)_2$ 溶液吸收，再用草酸滴定剩余的 $Ba(OH)_2$，由空白和样品两者消耗草酸之差，便可计算出呼吸放出的 CO_2 量。测定一定量的植物材料在单位时间内放出的 CO_2 量，即是该植物材料的呼吸强度。有关反应式如下：

$$CH_2O + O_2 \longrightarrow CO_2 + H_2O$$
$$Ba(OH)_2 + CO_2 \longrightarrow BaCO_3 \downarrow + H_2O$$
$$Ba(OH)_2 + H_2C_2O_4 \longrightarrow BaC_2O_4 \downarrow + 2H_2O$$

【材料、设备及试剂】

（1）材料　发芽的小麦或水稻种子。

（2）设备　广口瓶呼吸装置（图Ⅰ-7-1）、酸式滴定管、铁架台、滴定夹、20mL 大肚移液管、塑料膜、天平等。

（3）试剂

① 0.05mol/L 氢氧化钡溶液：称取 $Ba(OH)_2$ 8.6g 或 $Ba(OH)_2 \cdot 8H_2O$ 15.77g，溶于 1000mL 蒸馏水中，定容至刻度。

② 1/44mol/L 草酸溶液：称取 $H_2C_2O_4 \cdot 2H_2O$ 2.8636g 溶于 1000mL 蒸馏水中，定容至刻度。

③ 1%酚酞指示剂。

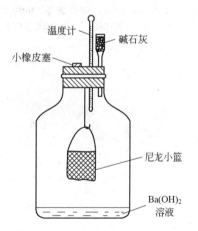

图Ⅰ-7-1　小篮子法测呼吸速率
装置示意图
（引自涂大正，1996）

【操作方法】

（1）空白测定　在广口瓶中准确加入 $Ba(OH)_2$ （0.05mol/L）溶液 20mL，立即用塑料膜和橡皮筋将瓶口盖上扎紧，充分摇动 2min。从塑料膜中央小孔滴加 2 滴酚酞。用 1/44mol/L 草酸滴定至红色刚刚消失为止，记下草酸用量 V_1（mL）。

（2）样品测定　倒出废液，将瓶洗净。称取发芽种子 5～10g 装入小篮子中。向瓶中准确加入 20mL $Ba(OH)_2$ 溶液，立即盖紧橡皮塞，记录时间，放置 30min，其间轻摇数次，使溶液表面的 $BaCO_3$ 膜破坏，便于 CO_2 的充分吸收。准确作用 30min 后，开塞，立即用塑料膜和橡皮筋将瓶口盖紧，从塑料膜小孔滴加 2 滴酚酞指示剂，用草酸滴定方法同上，记录草酸用量 V_2（mL）。

（3）在不同温度条件下测定，比较温度对材料呼吸的影响。

【实训结果】

$$呼吸强度[mgCO_2/(g \cdot h)] = \frac{(V_1 - V_2) \times c \times 44}{W \times t}$$

式中　V_1——空白滴定值，mL；

　　　V_2——样品滴定值，mL；

　　　W——材料鲜重，g；

　　　t——测定时间，h；

　　　c——草酸的浓度，mmol/mL；

　　　44——CO_2 毫摩尔质量，mg/mmol。

注意事项：操作中防止口中呼出的气体进入瓶内；两次滴定速度尽量一致。

思　考　题

1. 你能否根据小篮子法的测定原理，将装置改造成测定大型植物材料（果实、块根茎）的呼吸速率的装置？
2. 如何避免或减少小篮子法的测定误差？

参　考　文　献

[1] 白宝璋. 植物生理学测试技术. 北京：中国科学技术出版社，1993. 48.
[2] 王西瑶，叶珍，熊庆娥等. 植物生理学实验指导（内部资料），1993. 15-16.
[3] 张志良，瞿伟菁. 植物生理学实验指导. 第 3 版. 北京：高等教育出版社. 2003，98-100.

（叶珍　编）

第五章 植物体内有机物的代谢与运输

实训八 植物组织中可溶性糖的测定（蒽酮比色法）

【实训目标】

了解可溶性糖在有机物的转化、种子和果实品质形成等方面的作用，学习和掌握用蒽酮比色法测定植物组织中可溶性糖的方法。

【实训原理】

可溶性糖是植物体内重要的有机物质之一，与植物体内有机物的转化、种子和果实品质形成以及植物的抗性等有密切关系。

可溶性糖（包括还原糖和非还原糖）能与蒽酮试剂反应，生成蓝绿色的糠醛衍生物，该产物在 620nm 处有最大吸收峰。糠醛生成量（颜色深浅）与可溶性糖总含量成正比，故可用分光光度计测其吸光度，从而测知糖含量。此法反应灵敏，适用于含糖量不高的样品。

【材料、设备及试剂】

(1) 材料 小麦全株干粉(或各种植物的根、茎、叶、种子)。

(2) 设备 分光光度计、天平、水浴锅、电炉、移液管、试管、离心机、容量瓶。

(3) 试剂

① 浓 H_2SO_4（相对密度 1.84）。

② 蒽酮-乙酸乙酯试剂：称取分析纯蒽酮 1g 溶于 50mL 乙酸乙酯中，储于棕色瓶中，置黑暗中保存，如有结晶析出，可稍微加热溶液。

③ 1% 蔗糖标准液：将分析纯蔗糖在 80℃下烘至恒重，精确称取 1.000g，加少量蒸馏水溶解，转入 100mL 容量瓶中，加入 0.5mL 浓硫酸，用蒸馏水定容至刻度。

④ 100mg/L 蔗糖标准液：精确吸取 1% 蔗糖标准液 1mL，加入 100mL 容量瓶，加水至刻度。

【操作方法】

(1) 标准曲线的绘制 取 15～20mL 刻度试管 6 支，从 0～5 分别编号，按表 I -8-1 加入溶液和水。配制好后，向每管加入蒽酮-乙酸乙酯试剂 0.5mL，充分摇匀，让乙酸乙酯水解，然后沿各管管壁缓缓加入 5mL 浓硫酸，猛摇试管数次，立即放入沸水浴中保温 1min，取出放置试管架上，冷却后摇匀。以空白作参比，于 630nm 波长下测其吸光度，以吸光度为纵坐标、以糖含量为横坐标，绘出标准曲线。

(2) 样品提取 取样品干粉 100mg 放入大试管中，加蒸馏水 20～30mL 置沸水浴中提取 20min，然后滤入 100mL 容量瓶中，定容至 100mL，待用；如为鲜样，称取 0.5～1.0g 样品，加少许石英砂研磨至匀浆，室温下静置 30～60min（常搅动），过滤或离心，定容至 100mL，弃去残渣。

(3) 样品测定 取 10mL 干燥刻度试管 1 支按表 I -8-1 编号为 6，用移液管加入提取液 0.5mL 和蒸馏水 1.5mL，再加蒽酮-乙酸乙酯试剂 0.5mL，充分摇匀后，沿试管壁缓缓加入 5mL 浓硫酸，摇匀。以后操作同制作标准曲线。以空白作参比测定样品的吸光度，可从标准曲线上查出其糖含量。

表Ⅰ-8-1　蒽酮比色法测可溶性糖的样品试剂量

项　目	管　号						
	0	1	2	3	4	5	6
各管中蔗糖量/μg	0	20	40	60	80	100	待测
100mg/L 蔗糖液/mL	0	0.2	0.4	0.6	0.8	1.0	样品 0.5
蒸馏水/mL	2.0	1.8	1.6	1.4	1.2	1.0	1.5
蒽酮-乙酸乙酯试剂/mL	0.5	0.5	0.5	0.5	0.5	0.5	0.5
浓 H_2SO_4/mL	5	5	5	5	5	5	5
吸光度 A_{630}							

【实训结果】

由标准曲线可查出糖的含量（μg），按下式计算测试样品的糖含量：

$$可溶性糖含量（\%）=\frac{m_x \times V \times D}{V_1 \times W \times 10^3} \times 100\%$$

式中　m_x——标准曲线查得的糖含量，μg；

　　　V——样品总体积，mL；

　　　V_1——测定时取用体积，mL；

　　　D——稀释倍数；

　　　W——样品质量，mg；

　　　10^3——样品质量的单位由 mg 换算成 μg 的倍数。

思　考　题

1. 用蒽酮法测定糖的操作中，应注意什么？
2. 在本实训中采用的是植物组织干粉，若用植物组织鲜样，应注意什么问题？

参　考　文　献

[1] 李合生. 植物生理生化实验原理和技术. 北京：高等教育出版社，2001.195-197.
[2] 白宝璋，汤学军. 植物生理学测试技术. 北京：中国科学技术出版社，1993.76-77.

（叶珍　编）

实训九　植物可溶性蛋白质含量的测定
（考马斯亮蓝 G-250 法）

【实训目标】

植物体内的可溶性蛋白质含量是一个重要的生理生化指标，如在研究酶的作用时常以比活（酶活力单位/毫克蛋白质）表示酶活力大小及酶制剂纯度，这就需要测定蛋白质含量。

【实训原理】

考马斯亮蓝 G-250 测定蛋白质含量属于染料结合法的一种。该染料在游离状态下呈红色，在稀酸溶液中，当它与蛋白质的疏水区结合后变为青色产物，在 595nm 波长有最大吸收峰，在一定蛋白质浓度范围内（1~1000μg/mL），其颜色的深浅与可溶性蛋白质含量成正相关，故可用分光光度法测定可溶性蛋白质的含量。

【材料、设备和试剂】

（1）材料　植物材料提取液。

（2）设备　分光光度计、离心机、分析天平、具塞刻度试管、移液管、容量瓶。

（3）试剂

① 标准蛋白质溶液：称取 10mg 牛血清白蛋白，溶于蒸馏水并定容至 100mL，制成 0.1mg/mL 的原液。

② 考马斯亮蓝 G-250：称取 100mg 考马斯亮蓝 G-250，溶于 50mL 90% 乙醇中，加入 85%（m/V）的磷酸 100mL，最后用蒸馏水定容到 1000mL。此溶液在常温下可放置一个月。

【操作方法】

1. 标准曲线的制作

取 6 支具塞试管，编号后，按表Ⅰ-9-1 加入试剂。

表Ⅰ-9-1　蛋白质与考马斯亮蓝反应体系

管号	1	2	3	4	5	6
标准蛋白质溶液/mL	0	0.2	0.4	0.6	0.8	1.0
蒸馏水/mL	1.0	0.8	0.6	0.4	0.2	0
蛋白质含量/(μg/mL)	0	2	4	6	8	10
考马斯亮蓝 G-250 试剂/mL	5	5	5	5	5	5

盖上塞子，摇匀。放置 2min 后在 595nm 波长下比色测定（比色应在 1h 内完成）。以蛋白质含量（μg）为横坐标，以吸光度为纵坐标，绘出标准曲线。

2. 样品中蛋白质含量的测定

（1）样品提取：取鲜样 0.5g，加入 2mL 蒸馏水研磨，磨成匀浆后用 6mL 蒸馏水冲洗研钵，洗涤液收集在同一离心管中，在 4000r/min 下离心 10min，弃去沉淀，上清液转入容量瓶，再向残渣中加入 2mL 蒸馏水，悬浮后再离心 10min，合并上清液。以蒸馏水定容至 10mL，摇匀后待测。

（2）另取 1 支具塞试管，准确加入 0.1mL 样品提取液，再加入 0.9mL 蒸馏水，5mL 考马斯亮蓝 G-250 试剂，充分混合，放置 2min 后，以标准曲线 1 号试管做参比，在 595nm 波长下比色，测定吸光度。

【实训结果】

根据所测样品提取液的吸光度，在标准曲线上查得相应的蛋白质含量（μg），按下式计算：

$$可溶性蛋白质含量(mg/g) = \frac{c \times \dfrac{V}{a}}{W \times 1000}$$

式中　c——查标准曲线得样品测定管中蛋白质含量（μg）；

V——提取液总体积（mL）；

a ——测定时取样液量（mL）；

W ——取样量（g）。

思 考 题

1. 考马斯亮蓝 G-250 法测定蛋白质含量的原理是什么？还有哪些蛋白质定量法？
2. 如何正确使用分光光度计？

参 考 文 献

[1]　鲁子贤.蛋白质化学.北京：科学出版社，1981.
[2]　文树基.基础生物化学实验指导.西安：陕西科学技术出版社，1994.
[3]　张龙翔.生物化学实验技术.北京：人民教育出版社，1981.

（潘晓琳　编）

第六章　植物生长与土壤环境

实训十　土壤农化样品的采集和制备

【实训目标】

了解土壤样品采集和制备的相关知识，掌握土壤样品采集和制备的方法。

【实训意义】

土壤样品的采集是土壤分析工作中的一个重要环节，是直接影响着分析结果和结论是否正确的一个先决条件。由于土壤特别是农业土壤本身的差异很大，采样误差要比分析误差大得多，因此必须重视采集有代表性的样品。采集的样品没有代表性，即使分析结果再精确也无实际意义。

【主要仪器设备】

铁锹；管形土钻；螺旋土钻；土壤筛；牛皮纸；米尺；钢玻璃底的木盘、木棍；土壤袋；标签；铅笔。

【土壤样品采集方法】

1. 不同土壤样品的采集方法

土壤样品的采集方法因分析目的不同而异：

（1）为了研究土壤基本理化性状而进行的采样，应按土壤剖面层次，自下而上地分层采集各层中部的典型样品。

（2）为进行土壤物理性质测定而进行的采样，必须采原状土样。

（3）为了解土壤肥力状况或研究植物生长期中土壤养分的供求状况而进行的采样，一般采集耕层土壤的混合样，也称土壤农化样品。在本实验中我们主要介绍耕层土壤混合样品的采集与制备方法。

2. 土壤农化样品的采集方法

为了使土壤农化样品具有代表性，在混合土样的采集过程中，按"随机"、"多点"、"等量"和"均匀"的方法进行操作。

（1）样品的代表性　为了评定土壤耕层肥力或研究植物生长期内土壤耕层中养分供求情况，采用只取耕作层 20cm 深度的土样，对作物根系较深的或熟土层较厚的土壤，可适当增加采样深度。采样时应沿着一定的采样路线布置采样点，按照"随机"、"多点"和"均匀"的原则进行采样，各点都是随机决定的。在田间观察了解情况后，随机定点可以避免误差，提高样品的代表性。一般按 S 形采样路线进行采样；在地块面积小、地势平坦、肥力均匀的田块，可采用梅花形或棋盘形采样路线，如图 I-10-1；选择的采样点应避开田边、路边、沟边和特殊地形的部位以及堆过肥料的田间部位，以避免人为误差，提高样品的代表性。

（2）采样方法　采样点确定后，将表面 2~3mm 的土壤刮去，用土钻垂直插入土中，

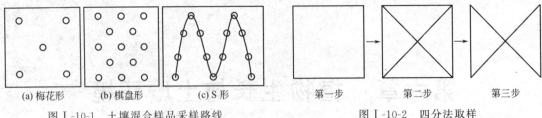

图 Ⅰ-10-1 土壤混合样品采样路线   图 Ⅰ-10-2 四分法取样

采集从表土至15～20cm深的耕层土壤，或用小铁铲在耕层土壤中挖一个20cm深的小土穴，再用小铁铲在土穴边自上而下切一薄片耕层土壤。每一点采集的土样厚度、深浅、宽狭、质量应大体一致。将各点采集的土样收集在盛土盘或塑料袋中，剔除土中的石砾、虫壳、根系等物质，混合均匀。一般每个混合土样的质量以1kg左右为宜，如果土样过多，采用四分法（图Ⅰ-10-2，将土壤样品堆成方形薄堆，画对角线分成三角形的四份土样，收集相对的两份土样混匀即为保存的混合土样）弃去多余的土样，直至所需要数量为止。

（3）采样时间 为了解决随时出现的问题，需要土壤测定时，应随时采样；若为了摸清楚土壤养分变化和作物生长规律，则按作物生育期定期取样；为了制订施肥计划而进行土壤测定时，在前作物收获后或施基肥前进行采样；若要了解施肥效果，则在作物生长期间，施肥的前后进行采样。

（4）装袋与填写标签 采好后的土样装入布袋或塑料袋中，立即写标签，一式两份，袋内外各附一份标签，标签写明采样地点、深度、样品编号、日期、采样、土样名称等。同时将此内容登记在专门的记载本上备查。

【土壤样品的制备方法】

土壤样品的制备包括风干、去杂、磨细、过筛、混匀、装瓶保存和登记等操作过程。

1. 土样的风干去杂

从田间采回的土样，除特殊要求鲜样外，一般要及时风干。其方法是将土壤样品放在阴凉干燥通风、又无特殊的气体（如氯气、氨气、二氧化硫等）、无灰尘污染的室内，把样品弄碎后平铺在木板上或光滑的厚纸上，摊成薄薄的一层，厚约2～3cm，并且经常翻动，加速干燥。切忌阳光直接曝晒或烘烤。在土样稍干后，要将大土块捏碎（尤其是黏性土壤），以免结成硬块后难以磨细。样品风干后，应拣出枯枝落叶、植物根、残茬、虫体以及土壤中的铁锰结核、石灰结核或石子等，若石子过多，拣出称重，计算所占的百分数。

2. 土样的磨细过筛

根据分析对风干土样的数量需要，选取一定量的风干土样平铺在木板或塑料布上，用木棒碾碎，放在有盖底的18目筛（孔径1mm）中，使之通过1mm的筛子，留在筛上的土块再倒回木板或塑料布上重新碾磨。如此反复多次，直到选取的全部土样都通过1mm的筛子为止，不得抛弃或遗漏任何土样。如土壤中含有石砾和石块，切勿弄碎，应拣出收集在一起称量，计算其百分含量。过筛后土样经充分混匀后，用四分法分成两份，一份用于测定pH值、速效养分等；另一份继续磨细，用60目筛（孔径0.25mm）过筛，至全部通过0.25mm筛孔，供有机质及全氮含量测定之用。

3. 土样的装瓶储存

研磨过筛后的土壤样品混匀后，装入广口瓶中，应贴上标签，并注明其样号、土类名称、采样地点、采样深度、采样日期、筛孔径、采集人等。保存的样品应尽量避免日光、高温、潮湿或酸碱气体等的影响，否则影响分析结果的准确性。一般样品在广口瓶内可保存半年至一年。

思　考　题

1. 如何减少土壤样品的采集误差？
2. 在土样采集和制备过程中，应注意哪些问题？
3. 为什么不能直接在磨细通过 18 目筛孔的土样中筛出一部分作为 60 目土样呢？

参　考　文　献

[1]　NY/T 1121.1—2006 土壤检测　第一部分：土壤样品的采集、处理与贮存.
[2]　鲁如坤. 土壤农业化学分析方法. 北京：中国农业科学技术出版社，2000.
[3]　鲍士旦. 土壤农化分析. 第 3 版. 北京：中国农业出版社，2005.

（王钫　张树生　编）

实训十一　土壤质地的测定

【实训目标】

土壤质地是指土壤中各粒级土粒的配合比例或各粒级土粒在土壤总重量中所占的百分数。根据我国土壤质地分类标准，把土壤划分为砂土、壤土和黏土三大类。通过土壤质地的测定，使学生了解土壤质地的测定原理与操作方法，并且能够根据土壤质地状况对土壤进行合理改良和利用。

【实训原理】

1. 野外速测法

在一定含水量的情况下，土壤中各粒级土粒含量不同，土壤的黏结性、黏着性和可塑性（三性）也不同。砂粒含量越高，土粒黏结在一起就比较困难；黏粒含量越高，黏结在一起就比较容强，也可随意地搓成球、搓成条等各种形状。可根据这个特性来判断土壤质地状况，熟练后也能较准确地确定土壤质地名称，适合在田间直接进行土壤质地的鉴别。

2. 简易比重计法

野外的土壤往往是许多大小不同的土粒相互胶结在一起形成微团粒结构，在测定的时候需要对其进行分散处理，使其成为单粒状态，再进行测定。取一定量的土壤，经物理、化学处理后分散成单粒，将其制成一定容积的悬浊液，使分散的土粒在悬液中自由沉降。根据粒径愈大下沉速度愈快的原理，应用物理学上的司笃克斯（Stokes，1845）公式计算某一粒级土粒下沉所需时间。在这个时间用特制的甲种比重计测得土壤悬液中所含小于某一粒级土粒的数量（g/L），经校正后计算出该粒级土粒在土壤中的质量百分数，然后查表确定质地名称。

本实训采用卡庆斯基简明分类制，只需测定粒径＜0.01mm 的土粒含量，就可以确定土壤质地。

【材料、设备和试剂】

（1）材料　土壤样品。

（2）设备　电子天平、1000mL 沉降筒、甲种比重计（图Ⅰ-11-1）、搅拌棒（图Ⅰ-11-2）、温度计、土壤筛、冲洗筛、带橡皮头的玻璃棒、三角瓶、药勺、干燥器、烘箱、洗瓶。

（3）试剂

① 0.5mol/L 氢氧化钠：称取 20g 氢氧化钠于烧杯内，加少量蒸馏水溶解后，通过多次清洗烧杯的方法转移到 1000mL 容量瓶内，洗瓶定容摇匀，待用。

② 0.25mol/L 草酸钠：称取 33.5g 草酸钠于烧杯内，加少量蒸馏水溶解后，通过多次清洗烧杯的方法转移到 1000mL 容量瓶内，洗瓶定容摇匀，待用。

③ 0.5mol/L 六偏磷酸钠：称取 51g 六偏磷酸钠于烧杯内，加少量蒸馏水溶解后，通过多次清洗烧杯的方法转移到 1000mL 容量瓶内，洗瓶定容摇匀，待用。

图Ⅰ-11-1　甲种比重计

图Ⅰ-11-2　搅拌棒

【操作方法】

1. 野外速测法

取小块土壤样品（比算盘株略大些），用手指捏碎，拣掉土壤样品内的细砾、新生体和侵入体等，加入适量水（土壤加水充分湿润，以挤不出水为宜，手感为似粘手又不粘手），调匀，放在手掌心用手指来回揉搓，按搓成球-成条-成环的顺序进行，最后将环压扁成土片，观察各个环节状况从而加以综合判断。

砂土：不能搓成条、团或球状、片状。

砂壤土：可搓成球但不可搓成条，勉强搓成条也极易裂成小片段。

轻壤土：可搓成条，但提起时易断。

中壤土：可搓成球、条，将细条弯成环状时有裂痕，压扁时断裂。

重壤土：可搓成球、条，将细条弯成环状时无裂痕，压扁时有大裂痕。

黏土：可搓成球、条，将细条弯成环状时无裂痕，压扁时也无裂痕。

2. 简易比重计法

（1）土壤称样　称取通过 1mm 孔筛的风干土壤样品 50g（精确到 0.01g），置于 500mL 三角瓶中，加蒸馏水湿润样品。

（2）土壤分散 土壤 pH 值不同，需要加入的分散剂也不同，石灰性土壤需加 0.5mol/L 六偏磷酸钠 60mL；中性土壤需加 0.25mol/L 草酸钠 20mL；而酸性土壤则需加 0.5mol/L 氢氧化钠 40mL。加入分散剂后，为使得样品充分分散，需对样品进行分散处理，常用的物理分散方法有以下三种：

煮沸法：将分散剂加入盛有样品的 500mL 三角瓶内，再加入蒸馏水约 250mL，盖上小漏斗，摇匀后放在电热板上加热，并不时摇动三角瓶，以免土粒粘结。煮沸后降低电热板的温度，使得悬液保持微沸 1h。

震荡法：将分散剂加入盛有样品的 500mL 三角瓶内，再加入蒸馏水约 250mL，然后放于震荡机内持续震荡 8h。

研磨法：将称好的样品置于瓷蒸发皿中，加一部分分散剂使之呈稠糊状，静置 30min，使分散剂充分作用，然后用带橡皮球的玻璃棒研磨 20min，使之分散完全。加入剩余分散剂，再研磨 5min。

一般实验室可采用较为简便的研磨法。等土壤完全分散后，用软水将蒸发皿中的土粒无损失洗入 1000mL 量筒中（用软水洗时应少量多次，以保证蒸发皿洗干净后量筒中的水量仍含低于 1000mL），然后再用软水定容至 1000mL。用特制的搅拌棒伸入量筒上下搅动几次后制成土壤悬液，放置在平稳的实验台上。

（3）<0.01mm 土粒含量的测定 用温度计伸入悬液中部测量温度，读数精确至 $0.1℃$，在表 I -11-1 中查出所测温度条件下<0.01mm 土粒下沉至所测部位所需的时间 T（如 20℃时为 26.5min）。用搅拌棒搅拌悬液 1min（上下各约 30 次，搅拌时下至接近量筒底，但不能触碰，上至近液面），当搅拌棒提离悬液液面时立即计时，记为 t。在 $t+T$ 时刻使用比重计测定悬液比重。测定时要提前 10~15s 将比重计轻轻插入悬液中，保持稳定，勿使比重计左右摇动或上下浮沉。读数时间一到立即读取悬液弯月面上缘刻度线的读数，记为 d。读数后将比重计小心取出，用软水洗净备用。

表 I -11-1 粒径<0.01mm 土粒下沉所需时间

温度/℃	时间/min	温度/℃	时间/min	温度/℃	时间/min
8	37	17	28	26	23
9	36	18	27.5	27	22
10	35	19	27	28	21.5
11	34	20	26.5	29	21
12	33	21	26	30	20
13	32	22	25	31	19.5
14	31	23	24.5	32	19
15	30	24	24	33	19
16	29	25	23.5	34	18.5

【实训结果】

1. 校正比重计读数

分散剂和温度对比重计的读数都有一定的影响，需要进行校正。分散剂校正值可用空白试验的方法求得，用 1000mL 的量筒加入与试验相同量的分散剂，再用软水定容至 1000mL，搅拌均匀后，放入比重计读取数值，即为分散剂校正值。

温度校正值查表Ⅰ-11-2。

表Ⅰ-11-2　甲种比重计温度校正表

温度/℃	校正值	温度/℃	校正值	温度/℃	校正值
6～8.5	−2.2	18.5	−0.4	26.5	+2.2
9～9.5	−2.1	19	−0.3	27	+2.5
10～10.5	−2	19.5	−0.1	27.5	+2.6
11	−1.9	20	0	28	+2.9
11.5～12	−1.8	20.5	+0.15	28.5	+3.1
12.5	−1.7	21	+0.3	29	+3.3
13	−1.6	21.5	+0.45	29.5	+3.5
13.5	−1.5	22	+0.6	30	+3.7
14～14.5	−1.4	22.5	+0.8	30.5	+3.8
15	−1.2	23	+0.9	31	+4
15.5	−1.1	23.5	+1.1	31.5	+4.2
16	−1	24	+1.3	32	+4.6
16.5	−0.9	24.5	+1.5	32.5	+4.9
17	−0.8	25	+1.7	33	+5.2
17.5	−0.7	25.5	+1.9	33.5	+5.5
18	−0.6	26	+2.1	34	+5.8

校正后的读数(g/L)＝比重计读数−分散剂校正值+温度校正值

2. 粒径含量计算

$$小于某粒径土粒含量＝\frac{校正后读数}{烘干土壤样品重}×100\%$$

3. 判断土壤质地

根据计算结果，根据卡庆斯基土壤质地分类表（简制）判断测定土壤样品的土壤质地。

思 考 题

1. 为什么测定土壤质地时要先将样本进行分散处理？分散处理的好坏对测定结果有什么影响？

2. 在土壤样品分散过程中，不同酸碱性的土壤为什么要用不同的分散剂？

3. 能否在搅拌棒搅拌悬液后立刻将比重计插入悬液中，等待时间一到立即读数？

参 考 文 献

[1]　中国科学院南京土壤研究所. 土壤理化分析. 上海：上海科学技术出版社，1978.
[2]　鲍士旦. 土壤农化分析. 北京：中国农业出版社，2010.

（张树生　编）

实训十二　土壤有机质含量测定

【实训目标】

了解土壤有机质含量是土壤肥力水平高低的一个重要指标，学习和掌握土壤有机质测定的方法。

【实训原理】

土壤有机质含量是土壤肥力水平高低的一个重要指标。它不仅是土壤各种养分，特别是氮、磷的重要来源，而且对土壤理化性质（如结构性、保肥性和缓冲性等）有着积极的影响。

在加热条件下，用过量的标准重铬酸钾-硫酸溶液氧化土壤中的有机碳，剩余的重铬酸钾用硫酸亚铁标准溶液滴定，由消耗的标准硫酸亚铁的量计算有机碳的量，乘以系数1.724，即为土壤有机质含量。测定过程的化学反应式如下：

$$2K_2Cr_2O_7 + 3C + 8H_2SO_4 \longrightarrow 2K_2SO_4 + 2Cr_2(SO_4)_3 + 3CO_2 + 8H_2O$$

$$K_2Cr_2O_7 + 6FeSO_4 + 7H_2SO_4 \longrightarrow K_2SO_4 + Cr_2(SO_4)_3 + 3Fe_2(SO_4)_3 + 7H_2O$$

用硫酸亚铁滴定剩余的重铬酸钾时，用邻菲罗啉作指示剂，整个滴定过程中指示剂的变色过程如下：开始时溶液以重铬酸钾的橙色为主，滴定后溶液逐渐呈绿色（Cr^{3+}），滴定近终点时，溶液变成暗绿色，再逐滴滴入 $FeSO_4$ 标准溶液直至溶液变成棕红色，即为滴定终点。本方法适用于测定土壤有机质含量在 15% 以下的土壤。

【材料、设备和试剂】

(1) 材料　自然风干土壤样品。

(2) 设备　分析天平（感量 0.0001g）、电砂浴（或油浴锅）、硬质试管（25mm×200mm）、弯颈小漏斗、铁丝笼、定时钟、温度计（0~360℃）、电炉（1000~1500W）、滴定管（25mL）、移液管（5mL）、锥形瓶（250mL）、量筒（10mL、100mL）、草纸。

(3) 试剂　重铬酸钾（分析纯）、硫酸（分析纯）、硫酸亚铁（分析纯）、硫酸银（分析纯）、二氧化硅（分析纯）、纯石英砂或灼烧土、固体石蜡。

(4) 试剂的配制

① 0.8000mol/L（$1/6K_2Cr_2O_7$）标准溶液：将 $K_2Cr_2O_7$（分析纯）先在 130℃ 烘干 3~4h，称取 39.2250g，在烧杯中加蒸馏水 400mL 溶解（必要时加热促进溶解），冷却后，稀释定容到 1L。

② 邻菲罗啉指示剂：称取硫酸亚铁 0.695g 和邻菲罗啉 1.485g 溶于 100mL 水中，此时试剂与硫酸亚铁形成棕红色络合物 $[Fe(C_{12}H_8N_3)_3]^{2+}$。

③ 0.1mol/L $FeSO_4$ 溶液：称取化学纯 $FeSO_4 \cdot 7H_2O$ 56g 或 $(NH_4)_2SO_4 \cdot FeSO_4 \cdot 6H_2O$ 78.4g，加 3mol/L 硫酸 30mL 溶解，加水稀释定容到 1L，摇匀储于棕色瓶中备用。此溶液易受空气氧化，使用时必须每天标定一次准确浓度。

【操作方法】

(1) 准确称取通过 0.25mm 筛孔的风干土样 0.100~0.500g，倒入 150mL 锥形瓶中，加入 0.8000mol/L（$1/6K_2Cr_2O_7$）5.00mL，再用注射器注入 5mL 浓硫酸，小心摇匀，管口放一小漏斗，以冷凝蒸出的水汽。

(2) 先将恒温箱的温度升至 185℃，然后将待测样品放入温箱中加热，让溶液在 170~180℃ 条件下沸腾 5min。

(3) 取出锥形瓶，待其冷却后用蒸馏水冲洗小漏斗和锥形瓶内壁，洗入液的总体积应控制在 50mL 左右，然后加入邻菲罗啉指示剂 3 滴，用 0.1mol/L $FeSO_4$ 滴定，溶液先由黄变绿，再突变到棕红色时即为滴定终点（要求滴定终点时溶液中 H_2SO_4 的浓度为 1~1.5mol/L）。

（4）测定每批样品时，以灼烧过的土壤代替土样做两个空白试验。

注：若样品测定时消耗的 $FeSO_4$ 量低于空白的 1/3，则应减少土壤称量。

【实训结果】

$$土壤有机质含量(\%) = \frac{\dfrac{0.8000 \times 5.00}{V_0}(V_0 - V) \times 0.003 \times 1.724 \times 1.1}{烘干土重(g)} \times 100\%$$

式中　V_0——滴定空白时所用 $FeSO_4$ 体积，mL；

　　　　V——滴定土样时所用 $FeSO_4$ 体积，mL；

　　5.00——所用 $K_2Cr_2O_7$ 体积，mL；

　0.8000——$1/6K_2Cr_2O_7$ 标准溶液的浓度，mol/L；

　0.003——$1/4C$ 原子毫摩尔质量，g/mmol；

　1.724——有机质含碳量平均为 58%，故测出的碳转化为有机质时的系数为 100/58≈1.724；

　1.1——校正系数。

【注意事项】

（1）含有机质 5% 者，称土样 0.1g；含有机质 2%～3% 者，称土样 0.3g；少于 2% 者，称土样 0.5g 以上。若待测土壤有机质含量大于 15%，氧化不完全，不能得到准确结果。因此，应用固体稀释法进行弥补。方法是：将 0.1g 土样与 0.9g 高温灼烧已除去有机质的土壤混合均匀，再进行有机质测定，按取样 1/10 计算结果。

（2）测定石灰性土壤样品时，必须慢慢加入浓 H_2SO_4，以防止由于 $CaCO_3$ 分解而引起的激烈发泡。

（3）消煮时间对测定结果影响极大，应严格控制试管内或烘箱中锥形瓶内溶液沸腾时间为 5min。

（4）消煮的溶液颜色，一般应是黄色或黄中稍带绿色。如以绿色为主，说明重铬酸钾用量不足。若滴定时消耗的硫酸亚铁量小于空白用量的 1/3，可能氧化不完全，应减少土样重做。

【土壤有机质含量参考指标】

土壤有机质含量/%	丰缺程度
≤1.5	极低
1.5～2.5	低
2.5～3.5	中
3.5～5.0	高
>5	极高

思　考　题

1. 土壤有机质含量测定时，加入重铬酸钾和浓硫酸的作用各是什么？

2. 土壤消解温度与消解时间对实验结果有何影响？

3. 若样品测定时消耗的 $FeSO_4$ 量低于空白的 1/3，则应减少土壤称量重新测定，为什么？

4. 为什么重铬酸钾溶液需用移液管准确加入，但浓硫酸可用量筒量取？

5. 滴定过程中溶液的颜色怎样变化，为什么会产生这种变化？

参 考 文 献

[1] NY/T 1121.6—2006 土壤有机质测定.
[2] LY/T 1237—1999 森林土壤有机质测定及碳氮比的计算.
[3] 鲁如坤. 土壤农业化学分析方法. 北京：中国农业科学技术出版社，2000.

（王钐 张树生 编）

实训十三 土壤容重和土壤酸碱度测定

一、土壤容重的测定（环刀法）

【实训目标】

学习土壤容重的测定方法，掌握环刀法测定土壤容重的原理及操作步骤，掌握用容重数值计算土壤孔隙度的方法。

【实训原理】

土壤容重是单位容积自然土壤的重量，通常以 g/cm^3 表示。土壤容重的大小反映了土壤松紧度、通气透水性以及保水能力的强弱，土壤容重越小，说明土壤越疏松，通气透水性越好。

用一定容积的钢制环刀（一般为 $100cm^3$）切割未搅动的自然状态土样，使土壤恰好充满环刀容积，然后称量并根据土壤自然含水量计算每单位体积的烘干土重量即土壤容重。

【仪器】

环刀（容积为 $100cm^3$，图Ⅰ-13-1）；天平（感量 0.1g 和 0.01g）；烘箱；环刀托；削土刀；干燥器。

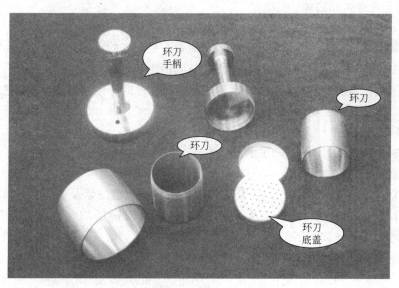

图Ⅰ-13-1 环刀

【操作方法】

（1）在室内先称量环刀（连同底盘和顶盖）的重量，环刀容积一般为 $100cm^3$。

（2）将已称量的环刀带至田间采样。采样前，将采样点土面铲平，去除环刀两端的盖子，环刀内壁擦上凡士林，将环刀托放在环刀上，再将环刀刃口向下垂直压入土中，切忌左右摆动。

（3）在土柱冒出环刀上端后，用修土刀切开环周围的土样，取出已充满土的环刀，细心削平环刀两端多余的土，并擦净环刀外面的土，环刀内的土壤体积就是环刀的容积。同时，在紧靠环刀采样处，再采土 10～15g，装入铝盒带回室内测定土壤含水量。

（4）把装有土样的环刀两端立即加盖，以免水分蒸发。随即称重（精确到 0.01g），并记录。

（5）将装有土样的铝盒烘干称重（精确到 0.01g），测定土壤含水量。

【实训结果】

$$D = \frac{M-G}{V(1+W)}$$

式中　D——土壤容重，g/cm^3；

　　　M——环刀及湿土重，g；

　　　G——环刀重，g；

　　　V——环刀容积，cm^3；

　　　W——土壤含水量，$\%$。

【测定允许差】

测定土壤容重时应不少于三个重复，允许平行绝对误差＜$0.03g/cm^3$，取算术平均值。

二、土壤酸碱度测定（混合指示剂法和电位法）

【实训目的】

了解土壤酸碱性与土壤化学性质的相关知识，掌握电位法测定土壤酸碱性的方法。

（一）混合指示剂比色法

【方法原理】

土壤酸碱性是土壤溶液中氢离子活度的负对数，是土壤的重要化学性质。它直接影响土壤养分的存在状态、转化和有效性，从而影响植物的生长发育。

利用指示剂在不同的 pH 溶液条件下可显示不同颜色的特性，将显示的颜色与标准酸碱比色卡对比，即能确定土壤溶液的 pH。

【材料、设备与试剂】

（1）材料与设备　过 1mm 筛子的风干土样、白色比色板、比色卡、研钵。

（2）试剂

① pH 4～8 的混合指示剂配制：分别称取溴甲酚绿、溴酚紫及甲酚红各 0.25g 于研钵中，加 15mL 0.1mol/L 的 NaOH 及 5mL 蒸馏水，共同研磨均匀，再用蒸馏水稀释至 1000mL，即为 pH 4～8 的指示剂。

这种指示剂的变色趋势如下：

pH	4.0	4.5	5.0	5.5	6.0	6.5	7.0	8.0
颜色	黄	绿黄	黄绿	草绿	灰绿	灰蓝	蓝绿	紫

② pH 4～11 的混合指示剂配制：称取 0.2g 甲基红、0.4g 溴百里酚蓝、0.8g 酚酞，在研钵中研匀，溶于 95% 的 400mL 酒精中，加蒸馏水 580mL，再用 0.1mol/L NaOH 调 pH 至 7（草绿色），用 pH 计或标准 pH 溶液校正，最后定容至 1000mL。

这种指示剂的变色趋势如下：

pH	4	5	6	7	8	9	10	11
颜色	红	橙黄	稍带绿	草绿	绿	暗蓝	紫蓝	紫

【操作方法】

取黄豆大小待测土壤样品，置于清洁白瓷比色板的比色穴中，加 pH 混合 3~5 滴，使土壤样品全部湿润，并使土的边缘产生少量水膜为宜，用玻璃棒轻轻搅动，稍澄清后倾过瓷板，将溶液色度与标准比色卡对比确定 pH 值。

（二）电位法

【实训原理】

用 pH 计测定土壤悬浊液的 pH 时，由于玻璃电极内外溶液 H^+ 活度的不同产生电位差，电位计上读数换算成 pH 后在刻度盘上直接读出 pH 值。

【材料、设备和试剂】

（1）材料 过 1mm 筛子的风干土样。

（2）设备 pH 计或酸度计；pH 复合电极（或 pH 玻璃电极和甘汞标准电极）。

（3）试剂

① pH 4.01 标准缓冲溶液：将 10.21g 苯二甲酸氢钾（$KHC_8H_4O_4$，分析纯，105℃烘干）溶于 1000mL 蒸馏水中。

② pH 6.87 标准缓冲溶液：将 3.39g 磷酸二氢钾（KH_2PO_4，分析纯，45℃烘干）和 3.53g 无水磷酸氢二钠（Na_2HPO_4，分析纯，45℃烘干）溶于 1000mL 蒸馏水中。

③ pH 9.18 标准缓冲溶液：称取 3.80g 硼砂（$Na_2B_4O_7 \cdot 10H_2O$）溶于 1000mL 煮沸冷却的蒸馏水中。装瓶密封保存。

④ 1mol/L 氯化钾溶液：将 74.6g 氯化钾（KCl，分析纯）溶于 1000mL 蒸馏水中。该溶液的 pH 值为 5.5~6.0。

⑤ 0.01mol/L 氯化钙溶液：将 147.02g 氯化钙（$CaCl_2 \cdot 2H_2O$，分析纯）溶于 1000mL 蒸馏水中，即 1mol/L 氯化钙溶液。取 10mL 1mol/L 氯化钙溶液于 500mL 烧杯中，加入 500mL 蒸馏水，滴加氢氧化钙或盐酸溶液调节 pH=6，然后用蒸馏水定容至 1000mL，即为 0.01mol/L 氯化钙溶液。

⑥ 无二氧化碳水的制备：将水注入烧瓶中（水量不超过烧瓶体积的 2/3），煮沸 10min，放置冷却，用装有碱石灰干燥管的橡皮塞塞紧。

【操作方法】

（1）称取 10g 过 1mm 筛的土壤风干样品，于 50mL 烧杯中，加入 25mL 无二氧化碳的蒸馏水或 1mol/L 氯化钾溶液（酸性土壤），或 0.01mol/L 氯化钙溶液（中性和碱性土壤），用玻璃棒剧烈搅拌 1~2min，静置 30min，以备测定。

（2）按仪器说明书开启 pH 计（或酸度计），选择与土壤浸提液 pH 值接近的 pH 标准缓冲溶液（酸性的用 pH 4.01 缓冲溶液，中性的用 pH 6.87 缓冲溶液，碱性的用 pH 9.18 缓冲溶液）作为标准，校正仪器指示的 pH 值与标准值一致。将 pH 计的复合电极（或 pH 玻璃电极和甘汞标准电极）插入土壤浸提液中，轻轻转动烧杯，读出 pH 值。每份样品测定后，用蒸馏水冲洗电极，并用滤纸将水吸干。

【实训结果】

pH 计的读数即为土壤的 pH 值。

【测定允许差】

在重复条件下获得的两次独立测定结果的绝对差值不大于 0.1，平行测定的结果用算术平均值表示。

【注意事项】

磨好的土壤样品如果不能马上测定，应装瓶密封保存，以防止空气中的氨气和挥发性酸影响。电极插入土壤浸提液后轻轻转动烧杯是必要的，可加速平衡时间，这对于缓冲性较弱或 pH 较高的土壤尤为重要。若用标准甘汞电极作参比电极时，一定要插在上部溶液中，以减少误差。

思 考 题

1. 土壤容重的大小反映了土壤松紧度、通气透水性以及保水能力的强弱，为什么？
2. 混合指示剂比色法与电位法测定土壤 pH 各有什么优势？
3. 电位法测定土壤 pH 值时需要将土壤配成溶液，土壤与水的比例多少为好？

参 考 文 献

[1]　NY/T 1377—2007 土壤 pH 的测定.
[2]　鲁如坤. 土壤农业化学分析方法. 北京：中国农业科学技术出版社，2000.

（王钫　张树生　编）

第七章　植物生长与水分

实训十四　植物组织水势测定（小液流法）

【实训目标】

了解水势的概念，理解植物组织水势是反映作物水分状况的生理指标之一。学习并掌握测定植物组织水势的方法。

【实训原理】

在作物的一生中，始终存在着水分供应盈亏之间的矛盾。因此，在农业生产上要随时注意作物当时的水分状况，以调节对作物的水分供应，使作物正常生长，获得稳产高产。而在作物水分状况的表现指标中，生理指标的变化先于形态指标的出现。形态指标的表现是滞后的，当植物出现了缺水的形态指标时，植物已经受到伤害。因此，作物水分状况的生理指标的测定具有重要意义。作物水分状况的生理指标，主要包括细胞的水势，细胞的渗透势和植物组织的汁液浓度等。

水势即系统中水分的化学势。植物体内细胞之间和植物与外界环境之间的水分移动方向都由水势差来决定。当植物细胞或组织放在外界溶液中时，则可能出现表Ⅰ-14-1所示水分交换的情况。

表Ⅰ-14-1　小液流法原理表解

水势大小	水分移动方向	外液浓度	外液密度
$\Psi_{组织} > \Psi_外$	组织→外液	降低	减小
$\Psi_{组织} < \Psi_外$	组织←外液	增高	增大
$\Psi_{组织} = \Psi_外$	组织←→外液(动态平衡)	不变	不变

用梯度浓度的外界溶液浸泡待测植物组织，取一小滴浸提液放回原相同浓度的溶液中，根据小液流的升、降情况就可测出与组织发生渗透平衡的溶液浓度（$\Psi_{组织} = \Psi_{外液}$）。

根据溶液浓度可计算出溶液的水势，即植物组织的水势。

【材料、设备及试剂】

（1）材料　植物叶片或马铃薯块茎薄片。

（2）设备　试管架、试管（带塞）、有盖小药瓶（容积不大于5mL）、毛细吸管（带橡皮头，最好是弯头）、小镊子、移液管、温度计、手持打孔器（或由单面刀片）、解剖针、叶模等。

（3）试剂　1mol/L标准浓度蔗糖溶液、甲烯蓝（亚甲基蓝）。

【操作方法】

（1）标准梯度浓度蔗糖溶液配制　取洗净烘干的有塞试管6只，分别编号，按顺序配制0.1mol/L、0.2mol/L、0.3mol/L、0.4mol/L、0.5mol/L、0.6mol/L 的蔗糖溶液各

10mL。从各试管中转移 2mL 溶液到相应编号的有盖小药瓶中。

（2）材料处理　用打孔器或叶模在样品叶片上取下 60 个小圆片，混匀，分别投入 6 只盛糖液的小瓶中，每瓶 10 片，盖上盖。放置 45min，其间每隔数分钟轻轻摇动一次。然后用解剖针各取甲烯蓝粉末少许投入小瓶中，摇匀。甲烯蓝的用量以能将液体染成浅蓝色为度，切不可过量。

（3）测定　用洗净烘干的弯头毛细吸管吸取有色糖液少许，轻轻插入相同编号的试管的溶液中部，挤出有色糖液一小滴，再轻轻抽出毛细管，注意不要搅动溶液，观察蓝色液滴的移动方向并做好记录。注意毛细管不能乱用，一支毛细管只能用于一个浓度，若必须重复使用时，应从低浓度到高浓度依次吸取，并先用下一种溶液润洗后，方可吸取该溶液。否则必须吸水多次冲洗，然后在酒精灯上烘干，冷却后才能再用。

（4）找出组织的等渗溶液（即液滴不动的溶液）的浓度　如果没有观察到液滴不动的溶液，则可以在相邻的两个液滴移动相反的溶液之间，求一个平均浓度作为等渗溶液的浓度。

【实训结果】

计算公式：

$$\Psi_w = -iRcT$$

式中　Ψ_w——植物组织水势，Pa；

R——气体常数 $R = 0.083 \times 10^5 \, Pa \cdot L/(mol \cdot K)$；

T——热力学温度，K；

i——解离系数，蔗糖为 1；

c——等渗溶液浓度，mol/L。

思 考 题

1. 投入的甲烯蓝的量应该如何把握，为什么？
2. 用小液流法测定的是植物组织的水势而不是渗透势，为什么？你能否提出一个测定植物细胞渗透势的方法？其原理是什么？

参 考 文 献

[1] 涂大正. 植物生理学. 长春：东北师范大学出版社，1989. 365.
[2] 王衍安. 植物与植物生理实训. 北京：高等教育出版社，2008.

（叶珍　编）

实训十五　植物细胞质壁分离与复原的观察

【实训目标】

了解植物细胞发生渗透作用的原理，学会观察植物细胞质壁分离与复原的方法。

【实训原理】

当细胞水势高于外界溶液时，细胞就会通过渗透作用而失水，细胞液中的水分就透过原生质层进入到溶液中，使细胞壁和原生质层都出现一定程度的收缩。由于原生质层比细胞壁的收缩性大，当细胞不断失水时，原生质层就会与细胞壁分离。

当细胞液的水势小于外界溶液的浓度时，细胞就会通过渗透作用而吸水，外界溶液中的水分就通过原生质层进入到细胞液中，整个原生质层就会慢慢地恢复成原来的状态，紧贴细胞壁，使植物细胞逐渐发生质壁分离复原。

【材料、设备和试剂】

（1）材料　紫色洋葱的鳞片叶。

（2）设备　显微镜、载玻片。

（3）试剂　0.3g/mL 的蔗糖溶液、蒸馏水。

【操作方法】

1. 制作洋葱表皮的临时装片

在载玻片上滴一滴水，撕取洋葱鳞片叶外表皮放在水滴中展平，盖上盖玻片，盖盖玻片时应让盖玻片的一侧先触及载玻片，然后轻轻放平，防止装片产生气泡。

2. 观察洋葱细胞

可看到：液泡大，液泡含花青素，所以呈紫色；原生质层紧贴着细胞。先观察正常细胞，以便与后面的"质壁分离"起对照作用。

3. 观察质壁分离现象

从盖玻片的一侧滴入 0.3g/mL 的蔗糖溶液，在另一侧用吸水纸吸引，重复几次。镜检。

观察到：液泡由大变小，颜色由浅变深，原生质层与细胞壁分离。原生质层与细胞壁之间充满蔗糖溶液。

4. 观察细胞质壁分离的复原现象

从盖玻片的一侧滴入清水，在另一侧用吸水纸吸引，重复几次。镜检。

观察到：液泡由小变大，颜色由深变浅，原生质层恢复原状。

【实训结果】

绘下质壁分离草图，并解释质壁分离与复原的原因。

思 考 题

质壁分离与质壁分离复原现象发生的原因是什么？该现象可用于证明哪些生理问题？

参 考 文 献

[1]　邹琦. 植物生理实验指导［M］. 北京：中国农业出版社，2005.

（潘晓琳　编）

实训十六　植物蒸腾强度测定（钴纸法）

【实训目标】

了解植物蒸腾强度与植物体内水分运输、植物体内水分散失以及植物需水量的相关知识，掌握测定蒸腾强度的方法。

【实训原理】

蒸腾强度是研究植物（尤其是多年生果树、林木）生命活动的重要生理指标之一。它可反映植物体内水分运输、植物与环境间水分交换以及植物对水分的需求量等情况。通过本实验掌握蒸腾强度测定方法。

氯化钴纸在干燥时呈蓝色，当吸收水分后，随含水量的增加逐渐变浅，最后变成粉红色。用一定面积的干燥钴纸吸收叶片蒸腾水分，根据钴纸由蓝变红所需的时间长短、钴纸标准吸水量和叶面积（用钴纸面积），即可计算出植物蒸腾强度。

【材料、设备及试剂】

（1）材料　各种植物幼嫩叶。

（2）设备　电子天平（感量 0.0001g）、计时器、干燥器、恒温干燥箱、干燥管、剪刀、镊子、蒸腾夹装置、滤纸等。

（3）试剂　5％氯化钴溶液，准确地称取 5g 氯化钴，溶于 100mL 蒸馏水中。

【操作方法】

（1）氯化钴纸的制备　取优质滤纸，剪成 8cm^2 的小块，将其浸入盛有 5％氯化钴溶液的医用瓷盘中，待浸透后取出平铺在干洁的玻璃板上，置于 60～80℃恒温干燥箱中烘干，取出选取颜色均匀一致的钴纸块，用打孔器打下面积为 0.5cm^2 的钴纸圆片，再放入恒温干燥箱内烘干，装入干燥管，放入干燥器中待用。

（2）钴纸标准化　使用前应先将钴纸进行标准化，测出每一钴纸小圆片由蓝色转变成粉红色所吸收的水分。取 1 块钴纸小圆片置于电子天平上称重并记下开始称重的时间，之后每隔 1min 记一次质量，当钴纸颜色全部变为粉红色时，立即准确记下质量和时间，算出钴纸小圆片由蓝色变为粉红色时平均吸收多少水分（单位：mg），作为钴纸小圆片标准吸水量。

（3）测定　用镊子从干燥管中迅速夹取钴纸片一片，放入蒸腾夹装置的橡皮小孔中，立即把待测植株的叶片卡在蒸腾夹中相应位置上，夹紧同时记录时间，注意观察钴纸的颜色变化，待钴纸变为粉红色时记下时间。

可选择不同植物（作物）的功能叶片，或同一植物不同部位的叶片测定其蒸腾强度，也可在不同环境条件下测定植物的蒸腾强度。每材料重复测定 3 次。

【实训结果】

计算所测植物蒸腾强度的平均值 ［mg/(cm^2 · min)］。

思　考　题

为何植物上表皮和下表皮蒸腾强度不一致？

参　考　文　献

［1］王忠. 植物生理学. 北京：中国农业出版社，2000.65-75.

［2］涂大正. 植物生理学. 长春：东北师范大学出版社，1996.136.

（叶珍　编）

实训十七　土壤含水量的测定（重量法）

【实训目标】

明确土壤水分是土壤的重要组成部分，掌握重量法测定土壤水分的方法。

【实训原理】

土壤水分是土壤的重要组成部分，土壤含水量的测定有两个目的：一是了解田间土壤水分状况，为土壤耕作、土壤改良、合理灌溉等提供服务；二是测定风干土壤样品的水分，把风干土质量换算成烘干土质量，作为各项分析结果的计算依据。

　　土壤样品在105℃±2℃的温度下可使土壤水分全部蒸发，但土壤结构水仍不会被破坏，土壤有机质也不会发生分解。将土壤样品放入105℃±2℃的烘箱中烘干至恒重，计算干燥前后土壤重量之差值，以烘干土重为基础就可获得土壤含水量。

【仪器设备】

　　烘箱、干燥器、分析天平（0.001g）、称量瓶、药匙。

【操作方法】

　　1. 风干土壤样品含水量的测定

　　（1）取干净铝盒置于烘箱内在105℃±2℃下烘干，然后盖上盖子移至干燥器内冷却至少45min，测定密闭铝盒的质量（m_0），用药匙将4~5g土壤样品置入铝盒中，加盖精确称量铝盒和土壤质量（m_1）。

　　（2）将土壤平铺于铝盒中，盖子套在铝盒底部，放入105℃烘箱中烘至恒重。

　　（3）从烘箱中取出铝盒，加盖后放入干燥器中冷却至室温。

　　（4）取出加盖铝盒，立即称其质量（m_2），称样准确至0.001g。

　　2. 用于田间含水土壤样品的测定

　　（1）将土壤置于不吸水分的干净表面（如玻璃板），加以混合。以筛网去除直径大于2mm的石砾、树枝等。

　　（2）取干净附盖铝盒置于105℃±2℃烘箱内烘干，取出后盖上盖子移至干燥器内冷却至少45min，测定铝盒的质量（m_0），称重（0.01g）。用药匙将30~40g土壤置入铝盒中，加盖称重（m_1）（0.01g）。

　　（3）将土壤平铺于铝盒中，盖子套在铝盒底部，放入105℃烘箱中烘至恒重。

　　（4）从烘箱中取出铝盒，加盖后放入干燥器中冷却至室温。

　　（5）取出加盖铝盒子，立即称其质量（m_2）（0.01g）。

【实训结果】

$$土壤含水量(风干土样重量含水量,\%) = \frac{风干土重 - 烘干土重}{烘干土重} \times 100\%$$

$$土壤含水量(田间土壤重量含水量,\%) = \frac{湿土重 - 烘干土重}{烘干土重} \times 100\%$$

【注意事项】

　　测定风干土样含水量时，一般用感量0.001g的分析天平称量，前后两次称重相差不大于0.003g为恒重。测定田间土壤含水量时，一般用感量0.01g的天平称量，前后两次称重相差不大于0.03g为恒重。土壤样品的烘干温度不得超过105℃±2℃，温度过高，土壤有机质易碳化损失。

思　考　题

1. 计算土壤含水量时为什么要以烘干土重为基数？

2. 土壤样品的烘干温度为什么不能超过105℃±2℃？

3. 某风干土样的含水量为5%，10g风干土样中的水分含量为多少？

4. 某风干土样的含水量为4%，称取相当于5.00g的烘干土重的土样，需称多少克风干土样？

参 考 文 献

［1］ 金为民. 土壤肥料. 北京：中国农业出版社，2001.
［2］ 鲁如坤. 土壤农业化学分析方法. 北京：中国农业科学技术出版社，2000.

（张树生　编）

第八章　植物生长与温度

实训十八　土壤温度的测定

【实训目标】

了解土壤温度与土壤性质和土壤肥力的相关知识，掌握土壤温度的测定方法。

【实训原理】

土壤温度是植物地下部分的环境要素之一，在很大程度上直接代表了土壤热状况，是土壤肥力因素的一个重要方面，它的变化随着气候、地形、植被、土壤类型及其物理性质（如土壤含水量、孔隙度、结构、坚实度、质地）等因子的变化而变化，同时土壤温度的变化还对土壤养分吸收和水分运动产生影响。测定土壤温度是为了弄清土壤环境条件，从而可以有效地调节控制土壤温度，使其有利于植物生长。

土壤温度日变化和年变化需要定点进行观测，土壤表层温度（5cm、10cm、15cm、20cm深处），可用曲管地温计测量，土壤深层温度则用直管地温计测量。如进行临时性的调查土壤温度（0～30cm）时，可用轻便插入式地温计测量，可在全年进行观测，也可在植物生长季节进行。

【仪器设备】

曲管地温计（5cm、10cm、15cm、20cm），直管地温计（40cm、80cm、160cm、320cm），轻便插入式地温计。

【操作方法】

（1）地表温度的观测用曲管地温计，埋设深度以球部上端与土壤表面平齐为宜。

（2）上层土壤温度（5cm、10cm、15cm、20cm）的观测用曲管地温计。地温计球部的中心埋在要测定的深度处，排成一排，每支地温计相距10cm，排列方向由东到西，由浅到深，依次为5cm、10cm、15cm、20cm。地温计埋设时球部应朝北，与地表呈45°角，用支柱撑住。上层土壤温度的观测通常在7时和13时进行，因为这两个时间的土壤表层温度经常很接近每天的最低和最高温度，所以这两次的观测资料，既可以反映一天内的两个极端温度，又可以反映日平均温度。

（3）深层土壤温度（40cm、80cm、160cm、320cm）的观测用直管地温计，埋设直管地温计最好利用特制土钻进行，以便尽量少破坏土壤的自然状态。在观测深层土壤温度时，迅速提起地温计，尽快地读出温度刻度，如时间耽误太久，温度就会有变化。深层土壤温度在每天10时观测一次，其读数即为该天的日平均温度。

【实训结果】

（1）用图面表示观测值时，如以横轴表示时间、纵轴表示土温，可描绘出在一定深度土壤温度的时间变化，如以横轴表示测定时间、以纵轴表示测定深度，可描绘出等土温线。如以横轴表示温度、纵轴表示深度，可描绘出在某个时间的土温垂直分布图。

（2）用表格表示观测值时，可在横列中写明各个测定时间，纵列中写明各个测定深度，将测得的温度记入表中。

参 考 文 献

［1］　LY/T 1219—1999 森林土壤温度的测定.
［2］　中国科学院南京土壤研究所土壤物理研究室编. 土壤物理性质测定法. 北京：科学出版社，1978.

（王钫　张树生　编）

第九章 植物生长与养分

实训十九 土壤水解氮含量测定（碱解扩散法）

【实训目标】

了解土壤水解氮的相关知识，学习和掌握碱解扩散法测定土壤水解氮的方法。

【实训原理】

土壤水解氮也称土壤有效氮，它包括无机态氮和部分有机物质中易分解的比较简单的有机态氮，它是氨态氮、硝态氮、氨基酸、酰胺和易水解的蛋白质氮的总和。

用一定浓度的碱液水解土壤样品，使土壤中有效性氮碱解转化为氨气，不断地扩散逸出，经硼酸吸收后，再用标准酸滴定，从而计算出水解性氮的含量。此法测得的有效氮中不包括土壤中的硝态氮。

【材料、设备和试剂】

（1）材料 过1mm筛孔的风干土样。

（2）设备 扩散皿（外室10cm）、半微量滴定管（5mL）、电子天平、扩散皿、毛玻璃、温箱。

（3）试剂

① 1.8mol/L 氢氧化钠溶液：72.0g 氢氧化钠（NaOH，分析纯）溶解于水，稀释至1L。

② 1.2mol/L 氢氧化钠溶液：48.0g 氢氧化钠（NaOH，分析纯）溶解于水，稀释至1L。

③ 锌-硫酸亚铁还原剂：50.0g 细磨并通过 0.25mm 筛孔的硫酸亚铁（$FeSO_4 \cdot 7H_2O$，化学纯）及 10.0g 锌粉（化学纯）混匀，储于棕色瓶中。

④ 碱性甘油：最简单的配法是在甘油中溶解几小粒固体 NaOH 即成。

⑤ 0.01mol/L 盐酸标准溶液：先配制 1.0mol/L HCl 溶液，稀释 100 倍，用 180℃下烘干的 Na_2CO_3 标定其准确的浓度。

⑥ 甲基红-溴甲酚绿混合指示剂：0.5g 溴甲酚绿和 0.1g 甲基红溶于 100mL 95％酒精中。

⑦ 2％硼酸溶液（内含溴甲酚绿-甲基红指示剂）：将 20g H_3BO_3 溶于 1L 水中，加入溴甲酚绿-甲基红指示剂 10mL，并用稀 NaOH（约 0.1mol/L）或稀 HCl（0.1mol/L）调节至紫红色（pH 4.5）。

【操作方法】

（1）称取通过 1mm 筛孔的风干土样 1.00～2.00g 均匀地平铺于扩散皿外室，在土壤外室内加 1g 锌-硫酸亚铁还原剂平铺土样上。同时做两个试剂空白实验，不加土壤，其他步骤与有土壤的相同。

（2）加 3mL 2%硼酸-指示剂溶液于扩散皿内室。

（3）在扩散皿外室边缘上方涂上碱性甘油，盖好毛玻璃并旋转数次，使毛玻璃与皿边完全黏合。然后慢慢转开毛玻璃的一边，使扩散皿的一边露上一条狭缝，在此缺口加 10.0mL 1.8mol/L 氢氧化钠溶液于皿的外室，立即把毛玻璃盖严。

（4）水平轻轻地转动扩散皿，使溶液与土样充分混合，然后小心地用牛皮筋二根交叉成十字形圈紧，使毛玻璃固定。放入恒温箱内，于 40℃保温 24h，在此期间应间歇地水平轻轻转动 3 次。

（5）用 0.01mol/L 盐酸标准溶液滴定内室硼酸中吸收的氨量，颜色由蓝变紫红，即达终点。滴定时应用细玻璃棒搅动内室溶液，不宜摇动扩散皿，以免溢出，接近终点时可用玻璃棒少沾滴定管尖端的标准酸溶液，以防滴过终点。

【实训结果】

$$土壤中水解氮(mg/kg) = \frac{c \times (V - V_0) \times 14}{W} \times 1000$$

式中　c——盐酸标准液的浓度，mol/L；

　　　　V——样品测定时用去盐酸标准液的体积，mL；

　　　　V_0——空白测定时用去盐酸标准液的体积，mL；

　　　　14——氮的摩尔质量，g/mol；

　　　　W——风干土样的质量，g。

【允许偏差和参考指标】

允许偏差和参考指标见表Ⅰ-19-1 和表Ⅰ-19-2。

表Ⅰ-19-1　允许偏差

测定值/(mg/kg)	绝对偏差/(mg/kg)
＞200	＞10
200～50	10～2.5
＜50	2.5

注：绝对偏差＝测定值－平均值

表Ⅰ-19-2　参考指标

土壤水解性氮/(mg/kg)	等级
＜25	极低
25～30	低
50～100	中等
100～150	高

【注意事项】

在测定过程中碱的种类和浓度、土液比例、水解的温度和时间等因素对测定值的高低，都有一定的影响。为了得到可靠的、能相互比较的结果，必须严格按所规定的条件进行测定。

思 考 题

1. 土壤水解性氮包括哪些形态的氮素？

2. 水解扩散法测定不同土壤碱解氮含量时，所用碱的浓度有何不同？为什么？

参 考 文 献

[1] LY/T 1229—1999 森林土壤水解性氮的测定方法.

[2] 金为民. 土壤肥料. 北京：中国农业出版社，2001.

[3] 鲁如坤. 土壤农业化学分析方法. 北京：中国农业科学技术出版社，2000.

（张树生　编）

实训二十　土壤速效磷含量测定

【实训目标】

了解土壤速效磷的概念，学习和初步掌握土壤速效磷含量的测定方法，并熟练掌握分光光度计的使用方法。

【实训原理】

土壤速效磷含量是判断土壤磷素供应水平的重要指标，土壤速效磷含量测定是合理施用磷肥的重要依据之一。

土壤速效磷的测定方法很多，方法间的差异主要在于浸提剂的不同。浸提剂的选择主要是根据土壤的酸碱特性而定。一般情况下，石灰性土壤和中性土壤采用碳酸氢钠提取，酸性土壤采用酸性氟化铵提取。

酸性土壤中的磷主要是以 Fe-P，Al-P 的形态存在，利用氟离子在酸性溶液中络合 Fe^{3+} 和 Al^{3+} 的能力，可使这类土壤中比较活性的磷酸铁铝盐被陆续活化释放，同时由于 H^+ 的作用，也能溶解出部分活性较大的 Ca-P，然后用钼锑抗比色法进行测定。

【材料、设备和试剂】

(1) 材料　过 1mm 筛子的风干土样。

(2) 设备　塑料杯、往复式振荡机、分光光度计或比色计。

(3) 试剂　酒石酸锑钾、钼酸铵、硫酸、氟化铵、盐酸、磷酸二氢钾、碳酸氢钠、活性炭。

(4) 试剂的配制

① 0.03mol/L NH_4F-0.025mol/L HCl 浸提剂

a. 0.5mol/L 盐酸溶液：20.2mL 浓盐酸用蒸馏水稀释至 500mL。

b. 1mol/L 氟化铵溶液：溶解 NH_4F 37g 于水中，稀释至 1L，储存在塑料瓶中。

c. 浸提液：分别吸取 1.0mol/L NH_4F 溶液 15mL 和 0.5mol/L 盐酸溶液 25mL，加入到 460mL 蒸馏水中，此即 0.03mol/L NH_4F-0.025mol/L HCl 溶液。

② 钼锑抗试剂　称取酒石酸锑钾（$KSbOC_4H_4O_6$）0.5g，溶于 100mL 水中，制成 5% 的溶液。另称取钼酸铵 20g 溶于 450mL 水中徐徐加入 208.3mL 浓硫酸，边加边搅动，再将 0.5% 的酒石酸锑钾溶液 100mL 加入到钼酸铵液中，最后加至 1L，充分摇匀，储于棕色瓶中，此为钼锑混合液。临用前（当天）称取 1.5g 左旋抗坏血酸溶液于 100mL 钼锑混合液中，混匀。此即钼锑抗试剂（有效期 24h，如储于冰箱中，则有效期较长）。

③ 磷标准溶液　称取 0.439g KH_2PO_4（105℃烘 2h）溶于 200mL 水中，加入 5mL 浓 H_2SO_4，转入 1L 容量瓶中，用水定容，此为 100mg/kg 磷标准液，可较长时间保存。取此溶液稀释 20 倍即为 5mg/kg 磷标准液。此液不宜久存。

④ 0.05mol/L $NaHCO_3$ 浸提液　溶解 $NaHCO_3$ 42.0g 于 800mL 水中，以 0.5mol/L NaOH 溶液调节浸提液的 pH 至 8.5。此溶液暴露于空气中可因失去 CO_2 而使 pH 增高，可于液面加一层矿物油保存之。此溶液储存于塑料瓶中比在玻璃中容易保存，若储存超过 1 个月，应检查 pH 是否改变。

⑤ 无磷活性炭　活性炭常含有磷，应做空白试验，检验有无磷存在。如含磷较多，须先用 2mol/L HCl 浸泡过夜，用蒸馏水冲洗多次后，再用 0.05mol/L $NaHCO_3$ 浸泡过夜，

在平瓷漏斗上抽气过滤，每次用少量蒸馏水淋洗多次，并检查到无磷为止。如含磷较少，则直接用 $NaHCO_3$ 处理即可。

【操作方法】

实验操作时可根据土壤的性质选择下列方法之一进行测定。

1. 中性和石灰性土壤速效磷的测定——0.05mol/L $NaHCO_3$ 法

(1) 称取通过 1mm 筛子的风干土样 2.5g（精确到 0.001g）于 150mL 锥形瓶（或大试管）中，加入 0.05mol/L $NaHCO_3$ 溶液 50mL，再加一勺无磷活性炭，塞紧瓶塞，在振荡机上振荡 30min，立即用无磷滤纸过滤，滤液承接于 100mL 锥形瓶中。

(2) 吸取滤液 10mL（含磷量高时吸取 2.5～5.0mL，同时应补加 0.05mol/L $NaHCO_3$ 溶液至 10mL）于 150mL 锥形瓶中，再用滴定管准确加入蒸馏水 35mL，然后移液管加入钼锑抗试剂 5mL，摇匀，放置 30min。

(3) 用 700nm 波长进行比色。同时做试剂空白试验。以空白液的吸收值为 0，读出待测液的吸收值（A）。

(4) 标准曲线制备：吸取含磷（P）5mg/kg 的标准溶液 0mL、1mL、2mL、3mL、4mL、5mL、6mL，分别加入 50mL 容量瓶中，加入 10mL 0.8mol/L H_3BO_3，再加入二硝基酚指示剂 2 滴，用稀 HCl 和 NaOH 液调节 pH 至待测液呈微黄，再加入钼锑抗显色剂 5mL，摇匀，定容即得 0mg/kg、0.1mg/kg、0.2mg/kg、0.3mg/kg、0.4mg/kg、0.5mg/kg、0.6mg/kg 磷标准系列溶液，与待测溶液同时比色，读取吸收值，在方格坐标纸上以吸收值为纵坐标、磷含量（mg/kg）为横坐标，绘制成标准曲线。

2. 酸性土壤速效磷的测定方法——0.03mol/L NH_4F-0.025mol/L HCl 法

(1) 称取通过 1mL 筛孔的风干土样品 5g（精确到 0.01g）于 150mL 塑料杯中，加入 0.03mol/L NH_4F-0.025mol/L HCl 浸提剂 50mL，在 20～30℃ 条件下振荡 30min，取出后立即用干燥漏斗和无磷滤纸过滤于塑料杯中，同时做试剂空白试验。

(2) 吸取滤液 10～20mL 于 50mL 容量瓶中，加入 10mL 0.8mol/L H_3BO_3，再加入二硝基酚指示剂 2 滴，用稀 HCl 和 NaOH 液调节 pH 至待测液呈微黄。

(3) 钼锑抗比色法测定磷，步骤与前法相同。

【实训结果】

$$土壤速效磷(mg/kg)=\frac{显色液浓度(\mu g/mL)\times 显色液体积(mL)\times 分取倍数}{烘干土重(g)}$$

式中　显色液浓度——从工作曲线上查得磷的质量浓度，$\mu g/mL$；

　　　显色液体积——显色时溶液定容的体积，mL；

　　　分取倍数——浸提液总体积与显色对吸取浸提液体积之比。

【精密度】

(1) 取平行测定结果的算术平均值为测定结果，结果保留小数点后一位。

(2) 平行测定结果的允许差（表 Ⅰ-20-1）。

表 Ⅰ-20-1　平行测定结果允许差

测定值/(mg/kg)	允许差/(mg/kg)
<10	绝对差值<0.5
10～20	绝对差值<1.0
>20	相对相差<5%

思　考　题

1. 土壤速效磷的测定中，浸提剂的选择主要根据是什么？
2. 测定土壤速效磷时，哪些因素影响分析结果？

参　考　文　献

[1]　NY/T 1121.7—2006 酸性土壤有效磷的测定.
[2]　金为民. 土壤肥料. 北京：中国农业出版社，2001.
[3]　鲁如坤. 土壤农业化学分析方法. 北京：中国农业科学技术出版社，2000.

（王钫　张树生　编）

实训二十一　土壤速效钾含量测定

【实训目标】

了解土壤速效性钾的概念，学习并掌握测定土壤速效性钾的测定方法。

【实训原理】

钾是作物生长发育过程中必需的营养元素。土壤中的钾素主要呈无机形态存在，根据钾的存在形态和作物吸收能力，可把土壤中的钾素分为四部分：土壤矿物态钾（难溶性钾）、非交换态钾（缓效性钾）、交换性钾和水溶性钾。土壤速效性钾主要包括土壤交换性钾和水溶性钾，能被当季作物吸收利用，可以反映土壤钾素的供应水平，对指导合理施用钾肥具有重要的意义。

以中性 1mol/L 乙酸铵溶液为浸提剂，NH_4^+ 与土壤胶体表面的 K^+ 进行交换，连同水溶性的 K^+ 一起进入溶液，浸出液中的钾可用火焰光度计法直接测定。

【材料、设备和试剂】

（1）材料　过 1mm 筛孔的风干土样。

（2）设备　火焰光度计，往返式振荡机。

（3）试剂

① 1mol/L 中性乙酸铵（pH 7）溶液　称取乙酸铵 77.09g 加水稀释，定容至近 1L。用乙酸或氨水调 pH 7.0，然后稀释至 1L。具体方法如下：取出 1mol/L 乙酸铵溶液 50mL，用溴百里酚蓝作指示剂，以 1:1 氨水或稀乙酸调至绿色即 pH 7.0（也可在酸度计上调节）。根据 50mL 所用 NH_4OH 或稀乙酸的体积（mL），算出所配溶液大概需要量，最后调至 pH 7.0。

② 钾的标准溶液的配制　称取经 110℃ 烘 2h 的氯化钾 0.1907g 溶于 1mol/L 乙酸铵溶液中，定容至 1L，即为含 100μg/mL 钾的乙酸铵标准溶液。

【操作方法】

（1）称取通过 1mm 筛孔的风干土 5.00g 于 100mL 锥形瓶或大试管中，加入 1mol/L 乙酸铵溶液 50mL，塞紧橡皮塞，在 20～25℃下，150～180r/min 振荡 30min，用干的普通定性滤纸过滤，滤液直接在火焰光度计上测定。同时做空白试验。

（2）标准曲线的绘制：分别准确吸取钾标准溶液 0mL、3mL、6mL、9mL、12mL、15mL 于 50mL 容量瓶中，用 1mol/L 乙酸铵溶液定容，即为浓度 0μg/mL、6μg/mL、12μg/mL、18μg/mL、24μg/mL、30μg/mL 的钾标准系列溶液。以钾浓度为 0 的调节仪器零点，用火焰光度计测定，绘制标准曲线或求回归方程。

【实训结果】

$$土壤速效钾(mg/kg)=\frac{待测液浓度(\mu g/mL)\times 待测液体积(mL)}{烘干土重(g)}$$

式中　待测液浓度——查标准曲线或回归方程而得待测液中钾的浓度数值，$\mu g/mL$；

待测液体积——50mL。

允许误差，平行测定结果的相对误差不大于 5%。

思　考　题

1. 怎样正确使用火焰光度计？
2. 在测定过程中，为能获得比较准确的测定结果，应注意哪些问题？

参　考　文　献

[1]　NY/T 889—2004 土壤速效钾和缓效钾含量的测定.
[2]　NY/T 1121.7—2006 酸性土壤有效磷的测定.
[3]　金为民. 土壤肥料. 北京：中国农业出版社，2001.
[4]　鲁如坤. 土壤农业化学分析方法. 北京：中国农业科学技术出版社，2000.

（王钫　张树生　编）

实训二十二　土壤全氮含量测定

【实训目标】

了解土壤全结氮含量是评价土壤肥力，拟定合理施用氮肥的主要依据。学习和掌握半微量凯氏法测定土壤全氮的操作技能。

【实训原理】

氮素是植物生长的重要营养元素之一，土壤中氮素总量及各种形态与植物生长有着密切的关系。测定土壤全氮含量是评价土壤肥力、合理施用氮肥的主要依据。

土壤样品在加速剂与浓硫酸的共同作用下高温消煮，土壤中的各种含氮有机化合物转化为铵态氮（NH_4^+）。碱化后蒸馏出来的氨用硼酸吸收，以酸标准溶液滴定，由酸标准溶液的消耗量即可计算出土壤全氮含量（不包括全部硝态氮）。包括硝态和亚硝态氮的全氮测定，在样品消煮前，需先用高锰酸钾将样品中的亚硝态氮氧化为硝态氮后，再用还原铁粉使全部硝态氮还原，转化成铵态氮。

【材料、设备和试剂】

（1）材料　风干土壤样品。

（2）设备　分析天平（可精确至 0.0001g）、凯氏瓶、通风橱、可控温电炉、半微量定氮蒸馏器、半微量滴定管、锥形瓶（150mL）、移液管。

（3）试剂

① 混合加速剂　硫酸钾（化学纯）与五水硫酸铜（化学纯）与硒粉以 100：10：1 混合，过 0.25mm 筛孔。

② 浓硫酸　密度 1.84g/mL，化学纯。

③ 甲基红-溴甲酚绿混合指示剂　0.099g 溴甲酚绿及 0.066g 甲基红于玛瑙研钵中研细，

溶解于 100mL 乙醇中。

④ 20g/L 硼酸指示剂溶液　20g 硼酸（分析纯），溶于 1L 水中。使用前每 100mL 硼酸溶液中加入 2mL 甲基红-溴甲酚绿混合指示剂，以稀氢氧化钠或稀盐酸调节溶液至紫红色，pH 为 4.5。

⑤ 0.1mol/L 盐酸标准溶液　取浓盐酸（密度 1.19g/mL 分析纯）约 8.4mL，用去离子水稀释至 1L，用硼砂或标准碱溶液标定其浓度后准确稀释 10 倍。

⑥ 10mol/L 氢氧化钠溶液　称取 400g 氢氧化钠固体于 1L 烧杯中，用 500mL 去除二氧化碳的蒸馏水溶解，冷却后，用去除二氧化碳的蒸馏水定容至 1L，充分混匀，储于塑料瓶中。

⑦ 5％高锰酸钾溶液　称取高锰酸钾（化学纯）25g 溶解于 500mL 蒸馏水中，置于棕色瓶中保存。

⑧ 1∶1 硫酸。

⑨ 辛醇。

⑩ 还原铁粉。

【操作方法】

（1）称取风干土样（通过 0.25mm 筛）1.0000g（含氮约 1mg），同时测定土样水分含量。

（2）土样消煮

① 不包括硝态和亚硝态氮的消煮　将土样送入干燥的凯氏瓶底部，加少量去离子水（约 0.5~1mL）湿润土样后，加入 2g 加速剂和 5mL 浓硫酸，摇匀，盖上弯颈小漏斗，将凯氏瓶倾斜置于变温电炉上，开始用小火徐徐加热，待泡沫消失，再提高温度，保持微沸消煮，加热的部位不超过瓶中的液面，以防瓶壁温度过高而使铵盐受热分解，导致氮素损失。消煮的温度以硫酸蒸气在瓶颈上部 1/3 处冷凝回流为宜。待消煮液完全变为灰白稍带绿色后，再继续消煮 1h。消煮完毕前，需仔细观察消煮液中及瓶壁是否还存在黑色炭粒，如有，应适当延长消煮时间，待炭粒完全消失为止。取下凯氏瓶，冷却，待蒸馏。同时，做空白测定，除不加土样外，其他操作皆与测定土样时相同。

② 包括硝态和亚硝态氮的消煮　将土样置于干燥的 50mL 凯氏瓶底部，加 1mL 高锰酸钾溶液，摇动凯氏瓶，缓缓加入 1∶1 硫酸 2mL，不断转动凯氏瓶，放置 5min，再加入 1 滴辛醇。称 0.5g（±0.01g）还原铁粉，通过长颈漏斗将铁粉送入凯氏瓶底部，瓶口盖上弯颈小漏斗，转动凯氏瓶，使铁粉与硫酸充分接触，待剧烈反应停止时（约 5min），将凯氏瓶置于电炉上缓缓加热（注意：保持瓶内土样液体微沸，以不引起大量水分丢失为宜）。45min后，取下凯氏瓶，冷却后，加入 2g 加速剂和 5mL 浓硫酸，摇匀。盖上弯颈小漏斗，按①的消煮方式至消煮液完全变为黄绿色，再继续消煮 1h，冷却后待蒸馏。同时，做空白测定。

（3）蒸馏定氮

① 蒸馏前先检查蒸馏装置是否漏气，并通过水的馏出液将管道洗净。

② 待消煮液冷却后，小心地将凯氏瓶中的消煮液全部转入半微量定氮蒸馏器的蒸馏室中（图Ⅰ-22-1），并用少量去离子水洗涤凯氏瓶 4~5 次，每次 3~5mL，总用量不超过 20mL（如样品含氮较高，也可先将消煮液定容一定体积，然后吸取部分溶液进行蒸馏）。于 150mL 锥形瓶中，加入硼酸指示剂 5mL，将锥形瓶放在冷凝器的承接管下，管口插入至硼酸液面以下。然后向蒸馏室内缓缓加入 10mol/L 氢氧化钠溶液 20mL，立即关闭蒸馏室。以 6~

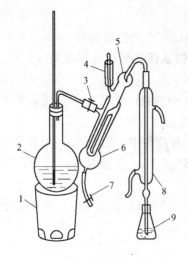

图 I-22-1　半微量定氮装置

1—电炉；2—水蒸气发生器
（2L 平底烧瓶）；3—螺旋夹；4—小
漏斗及棒状玻塞；5—反应室；6—反
应室外层；7—橡皮管及螺旋夹；
8—冷凝管；9—蒸馏液接收瓶

8mL/min 的速度进行蒸汽蒸馏，待馏出液体积约 50mL 时，停止蒸馏。用少量去离子水冲洗冷凝管的下端，取下锥形瓶。

③ 用 0.01mol/L 盐酸标准溶液滴定馏出液，由蓝绿色刚好变为红紫色即为终点。记录所耗盐酸标准溶液的体积（mL）。空白测定所用酸标准溶液的体积，一般不得超过 0.4mL。

【结果计算】

$$土壤全氮的质量分数（\%）=\frac{(V-V_0)\times c\times 0.014}{m}\times 100\%$$

式中　c——盐酸标准溶液的浓度，mol/L；

　　　　V——土样测定时消耗的盐酸标准溶液的体积，mL；

　　　　V_0——空白测定消耗的盐酸标准溶液体积，mL；

　　　　m——土样质量，g；

　0.014——氮的毫摩尔质量，g/mmol。

计算结果精确到小数点后三位。

两次平行测定结果允许差：土壤全氮量＞0.1% 时，不得超过 0.005%；全氮量 0.1～0.06% 时，不得超过 0.004%；全氮量＜0.06% 时，不得超过 0.003%。

【说明】

（1）加速剂中的硒粉是一种高效催化剂，但硒是有毒元素，使用中应注意不宜过多，尽可能不接触人体。

（2）消煮温度一般应控制在 360～410℃，若低于 360℃ 则消煮会不完全，使测定结果偏低；温度高于 410℃ 则易造成氮素的损失。

（3）消煮过程中应经常转动凯氏瓶，使喷溅在瓶壁上的土粒及时回流到底部酸液中去。

（4）混合指示剂最好在使用时与硼酸溶液混合，如果混合过久可能出现终点不灵敏的现象。

（5）蒸馏时必须冷凝充分，冷凝管末端不能发热，否则会引起氨的挥发损失。

思 考 题

1. 测定土壤全氮时，哪些操作可能造成氮素的损失，使测定结果偏低？
2. 如何检查蒸馏装置是否漏气？

参 考 文 献

[1] 郑宝仁，赵静夫. 土壤与肥料. 北京：北京大学出版社，2007.
[2] 鲁如坤. 土壤农业化学分析方法. 北京：中国农业科学技术出版社，2000.

（宋建利　编）

实训二十三　土壤全磷测定（$HClO_4$-H_2SO_4 法）

【实训目标】

了解土壤中磷的存在形态，熟悉土壤全磷测定中样品分解的方法，掌握溶液中磷测定的原理及具体步骤，为判断农业土壤磷素营养状况服务。

【实训原理】

土壤全磷测定要求把土壤中难溶性无机磷全部溶解成可溶性无机磷，同时，把有机磷也氧化成可溶性无机磷。因此，全磷的测定，第一步是样品的分解，第二步是溶液中磷的测定。用高氯酸分解样品，因为它既是一种强酸，又是一种强氧化剂，能氧化有机质，分解矿物质，而且高氯酸的脱水作用很强，有助于胶状硅的脱水，并能与Fe^{3+}络合，在磷的比色测定中抑制了硅和铁的干扰。硫酸的存在提高消化液的温度，同时防止消化过程中溶液蒸干，以利消化作用的顺利进行。本法用于一般土壤样品，分解率达97%～98%；但对红壤性土壤样品分解率只有95%左右。溶液中磷的测定采用钼锑抗比色法。

【材料、设备和试剂】

(1) 材料 风干的土壤样品。

(2) 设备 721型分光光度计、LNK-872型红外消化炉。

(3) 试剂

① 浓硫酸（H_2SO_4，$\rho \approx 1.84g/cm^3$，分析纯）。

② 高氯酸 [$CO(HClO_4) \approx 70\% \sim 72\%$，分析纯]。

③ 2,6-二硝基酚或2,4-二硝基酚指示剂溶液 溶解二硝基酚0.25g于100mL水中。此指示剂的变色点约为pH 3，酸性时无色，碱性时呈黄色。

④ 4mol/L氢氧化钠溶液 溶解NaOH 16g于100mL水中。

⑤ 2mol/L（$1/2H_2SO_4$）溶液 吸取浓硫酸6mL，缓缓加入80mL水中，边加边搅动，冷却后加水至100mL。

⑥ 钼锑抗试剂

A液：5g/L酒石酸氧锑钾溶液，取酒石酸氧锑钾 [$K(SbO)C_4H_4O_6$] 0.5g，溶解于100mL水中。B液：钼酸铵-硫酸溶液，称取钼酸铵 [$(NH_4)_6Mo_7O_{24} \cdot 4H_2O$] 10g，溶于450mL水中，缓慢地加入153mL浓H_2SO_4，边加边搅。再将上述A溶液加入到B溶液中，最后加水至1L。充分摇匀，贮于棕色瓶中，此为钼锑混合液。

临用前（当天），称取左旋抗坏血酸（$C_6H_8O_5$，化学纯）1.5g，溶于100mL钼锑混合液中，混匀，此即钼锑抗试剂。有效期24h，如藏冰箱中则有效期较长。此试剂中H_2SO_4为5.5mol/L（H^+），钼酸铵为10g/L，酒石酸氧锑钾为0.5g/L，抗坏血酸为1.5g/L。

⑦ 磷标准溶液 准确称取在105℃烘箱中烘干的KH_2PO_4（分析纯）0.2195g，溶解在400mL水中，加浓H_2SO_4 5mL（加H_2SO_4防长霉菌，可使溶液长期保存），转入1L容量瓶中，加水至刻度。此溶液为50μg/mL P标准溶液。吸取上述磷标准溶液25mL，转入250mL溶量瓶中，加入水至刻度，此溶液即为5μg/mL P标准溶液（此溶液不宜久存）。

【操作方法】

1. 待测液的制备

准确称取通过100目筛子的风干土样0.5000～1.0000g，置于50mL开氏瓶（或100mL消化管）中，以少量水湿润后，加浓H_2SO_4 8mL，摇匀后，再加70%～72% $HClO_4$ 10滴，摇匀。瓶口上加一个小漏斗，置于电炉上加热消煮，至溶液开始转白后继续消煮20min。全部消煮时间为40～60min。在样品分解的同时做一个空白试验，即所用试剂同上，但不加土样，同样消煮得空白消煮液。

将冷却后的消煮液倒入100mL容量瓶中（容量瓶中事先盛水30～40mL），用水冲洗开氏瓶（用水应根据少量多次的原则），轻轻摇动容量瓶，待完全冷却后，加水定容。静置过夜，次日小心地吸取上层澄清液进行磷的测定；或者用干的定量滤纸过滤，将滤液接收在100mL 干燥的三角瓶中待测定。

2. 测定

吸取澄清液或滤液 5mL [对含 P 0.56g/kg 以下的样品可吸取 10mL；以含磷（P）在 20～30μg 为最好] 注入 50mL 容量瓶中，用水冲稀至 30mL，加二硝基酚指示剂 2 滴，滴加 4mol/L NaOH 溶液直至溶液变为黄色，再加 2mol/L （$1/2H_2SO_4$）溶液 1 滴，使溶液的黄色刚刚褪去（这里不用 NH_4OH 调节酸度，因消煮液酸浓度增大，需要较多碱去中和，而 NH_4OH 浓度如超过 10g/L 就会使钼蓝色迅速消退）。然后加钼锑抗试剂 5mL，再加水定容 50mL，摇匀。30min 后，在 880nm 或 700nm 波长进行比色，以空白液的透光率为 100 （或吸光度为 0），读出测定液的透光度或吸收值。

3. 标准曲线

准确吸取 5μg/mL P 标准溶液 0、1、2、4、6、8、10mL，分别放入 50mL 容量瓶中，加水至约 30mL，再加空白试验定容后的消煮液 5mL，调节溶液 pH 为 3，然后加钼锑抗试剂 5mL，最后用水定容至 50mL。30min 后开始进行比色。各瓶比色液磷的浓度分别为 0、0.1、0.2、0.4、0.6、0.8、1.0μg/mL P。

【实训结果】

从标准曲线上查得待测液的磷含量后，可按下式进行计算：

$$土壤全磷(P)量(g/kg) = \rho \times V/m \times V_2/V_1 \times 10^{-3}$$

式中　ρ——待测液中磷的质量浓度（g/kg）；

　　　V——样品制备溶液的体积数（mL）；

　　　m——烘干土质量（g）；

　　　V_1——吸取滤液体积数（mL）；

　　　V_2——显色的溶液体积（mL）；

　　10^{-3}——将 μg 数换算成 g 的乘数。

注释：①最后显色溶液中含磷量在 20～30μg 为最好。控制磷的浓度主要通过称取量或最后显色时吸取待测液的体积。②本法钼蓝显色液比色时用 880nm 波长比 700nm 更灵敏，一般分光光度计为 721 型，只能选 700nm 波长。

最终结果用两次平行测定结果的算术平均值表示，小数点后保留三位。平行测定结果的绝对相差不得超过 0.05g/kg。

思 考 题

1. $HClO_4$-H_2SO_4 法全磷测定方法的优点是什么？
2. 比色分析要求工作曲线与样品的测定条件一致，在操作过程中怎样来实现这一要求？

参 考 文 献

[1] 中国科学院南京土壤研究所. 土壤理化分析. 上海：上海科学技术出版社，1978.
[2] 中国土壤学会农业化学专业委员会. 土壤农业化学常规分析方法. 北京：科学出版社，1983.

（张树生　杨卫韵　编）

实训二十四　常用化学肥料的定性鉴定

【实训目标】

了解常用化学肥料的种类及其性质，学习并掌握常用化学肥料的定性鉴别方法。

【实验原理】

化学肥料出厂时一般都在包装上标明肥料名称、有效成分及生产厂家。但在运输储存过程中，常因包装损坏或转换容器而失去肥料种类等信息，需要通过定性鉴定来确定肥料种类，以便合理储存和施用。

根据化学肥料的外观性状（颜色、结晶）、物理性质（气味、溶解度）和化学性质（火焰燃烧反应、化学反应）等鉴别方法，确定肥料的名称及有效成分。

【材料、设备和试剂】

10％和1％盐酸、10％氢氧化钠溶液、5％草酸溶液、1％二苯胺溶液、钼酸铵硝酸溶液、奈氏试剂（或纳氏试剂）、2.5％氯化钡溶液、$SnCl_2$溶液、1％$AgNO_3$溶液、0.5％$CuSO_4$溶液、3％四苯硼钠、镁试剂。

试管12支（连架），10mL量筒1个，镊子1个，酒精灯1个，白瓷板1块，木制管夹1支，火柴，玻璃棒，木炭，炭炉，火钳，肥料样本。

【操作方法】

1. 物理性鉴定

（1）外形观察　首先可将氮、磷、钾肥料大致区分，绝大部分氮肥和钾肥是结晶体，如碳酸氢铵、硝酸铵、硫酸铵、尿素、氯化铵、氯化钾、硫酸钾、钾镁肥、磷酸二氢钾等。而呈灰色粉末状的大多数是磷肥，属于这类肥料的有过磷酸钙、磷矿粉、钙镁磷肥和石灰氮等。

石灰氮亦为难溶于水的粉状非晶体，作为肥料比较少，可作为脱叶剂用，现常用于土壤消毒和灭吸血虫。

（2）气味　有一些肥料有会挥发出特殊气味，刺激性氨臭味的是碳酸氢铵，有电石臭的是石灰氮，有刺鼻酸味的是过磷酸钙，其他肥料一般无气味。

（3）水溶性　取肥料半小匙（约1g）于试管中，加蒸馏水5mL，摇动，观察肥料的水溶性特性。

① 易溶于水　加入的肥料一半以上溶解于水中，硫酸铵、硝酸铵、尿素、氯化铵、硝酸钠、氯化钾、硫酸钾、硫酸铵等肥料。

② 微溶或难溶于水　加入的肥料溶解部分不到一半。属微溶于水的有过磷酸钙、重过磷酸钙、硝酸铵钙等；属难溶于水的有钙镁磷肥、沉淀磷酸钙、钢渣磷肥、脱氟磷肥、磷矿粉和石灰氮等。

2. 化学鉴定

在初步判断的基础上利用化肥的化学性质进一步定性鉴定。

（1）阴、阳离子的鉴定　取少量化肥样品溶于适量水中，供鉴定用。

① NH_4^+鉴定　取待鉴定的肥料溶液1mL于试管中，加5滴10％NaOH，在酒精灯上加热，有氨臭味并使湿润的红色石蕊试纸变蓝，表明肥料中有NH_4^+。或取3～5滴肥料液在白瓷比色板凹穴中，加奈氏试剂1滴，出现橘黄色沉淀证明有NH_4^+，反应如下：

$$NH_4^+ + OH^- \longrightarrow NH_4OH \longrightarrow NH_3 \uparrow + H_2O$$

$$NH_4^+ + 奈氏试剂 \longrightarrow 橘黄色沉淀 \downarrow$$

② K$^+$鉴定　取待鉴定的肥料溶液 1mL，加入 10 滴 10%NaOH，于酒精灯上充分加热，以驱除可能存在的 NH_4^+，否则 NH_4^+ 也与四苯硼钠作用产生白色沉淀。冷却后，加 2 滴 3%四苯硼钠，如有白色沉淀，表明肥料中有钾存在。

$$K^+ + Na[B(C_6H_5)_4] \longrightarrow K[B(C_6H_5)_4] \downarrow (白色) + Na^+$$

③ Ca^{2+}的鉴定　取待鉴定的肥料溶液 1mL，加 2 滴 5%的草酸溶液，如有白色沉淀产生，示有 Ca^{2+}存在。

$$Ca^{2+} + C_2O_4^{2-} \longrightarrow CaC_2O_4 \downarrow$$

④ Mg^{2+}的鉴定　取待鉴定的肥料溶液 2 滴于白瓷比色板凹穴中，加 10%NaOH 4 滴，镁试剂 2 滴，如有白色沉淀产生，表明肥料中有 Mg^{2+}存在。

$$Mg^{2+} + 2OH^- \longrightarrow Mg(OH)_2 \downarrow (白色沉淀)$$

⑤ Cl$^-$的鉴定　取待鉴定的肥料溶液 1mL，加入 1% AgNO$_3$ 试剂 1 滴，如有白色沉淀产生，表示肥料中有 Cl$^-$存在。

$$Cl^- + Ag^+ \longrightarrow AgCl \downarrow$$

⑥ SO$_4^{2-}$的鉴定　取待鉴定肥料溶液 1mL，加入 1 滴 2.5%BaCl$_2$ 溶液，产生白色沉淀，再加 1%HCl 时，沉淀不溶解，表明有 SO$_4^{2-}$存在。

$$SO_4^{2-} + Ba^{2+} \longrightarrow BaSO_4 \downarrow$$

⑦ PO$_4^{3-}$的鉴定　取待鉴定肥料 1mL，加入 2～3 滴钼酸铵溶液，摇匀，加入 2 滴 SnCl$_2$，如有蓝色产生，表明有 PO$_4^{3-}$。

$$PO_4^{3-} + MoO_4^- + H^+ \longrightarrow [PMo_{12}O_{40}]^{3-}(磷钼杂多酸根)$$

$$\longrightarrow (MoO_2 \cdot 4MoO_3)_2 \cdot H_3PO_4 + SnCl_2 \longrightarrow (磷钼杂多蓝)$$

⑧ NO$_3^-$的鉴定　取待鉴定肥料溶液 2～3 滴于白瓷比色板凹穴中，加 1%二苯胺 2 滴，如出现蓝色，表明肥料中有 NO$_3^-$存在。

$$二苯胺 + NO_3^- + H_2SO_4 \longrightarrow 缩二苯胺氧化物(蓝色)$$

也可用硝酸试粉检查，取待鉴定肥料液 2～3 滴于白瓷比色板凹穴中，加一小角勺硝酸试粉，显示粉红颜色，表明有硝酸根离子。

⑨ HCO$_3^-$鉴定　取待鉴定肥料溶液 2mL，加入 10%HCl 10 滴，有气泡产生，表明肥料中有 HCO$_3^-$或 CO$_3^{2-}$。

$$HCO_3^- + H^+ \longrightarrow H_2CO_3 \longrightarrow CO_2 \uparrow + H_2O$$

⑩ 尿素的鉴定　将少量待鉴定的肥料放入一支干试管中，在酒精灯上加热熔化，冷却后，加水 2mL 溶解，再加入 5 滴 10%NaOH，加 3 滴 0.5% CuSO$_4$，振荡摇匀，出现淡紫色，表明肥料是尿素。

（缩二脲铜络合物）

当阴阳离子被分别鉴别出来以后，就可知道未知肥料的成分和品种（如氮肥、钾肥、氮磷复合肥等）。

（2）火焰反应　对氮肥和钾肥可将其放在烧红的木炭上，根据其燃烧情况作出鉴别，这种方法特别适合农民使用。

① 在烧红木炭上，有少量熔化，有少量跳动，冒白烟，可嗅到氨味，有残烬，是硫酸铵。

② 在烧红木炭上迅速熔化，冒大量白烟，有氨味，是尿素。

③ 在烧红木炭上不易熔化，但有较多白烟，起初嗅到氨味，随后又嗅到盐酸味，是氯化铵。慢慢熔化，有氨味的是硫酸铵。

④ 在烧红木炭上边熔化、边燃烧、冒白烟、有氨味，是 NH_4NO_3；伴有紫色火焰是 KNO_3；伴有黄色火焰是 $NaNO_3$。

⑤ 在烧红木炭上无变化但有爆裂声，无氨味是氯化钾、硫酸钾或磷酸二氢钾。

常用化肥的定性鉴定简要步骤如图Ⅰ-24-1 所示。

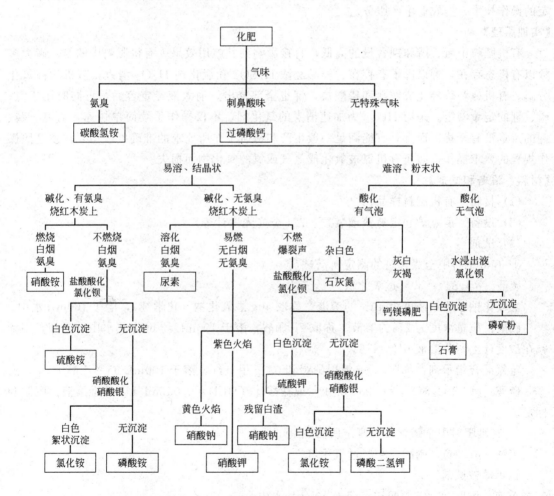

图Ⅰ-24-1　常用化肥的定性鉴定步骤框架图

思　考　题

1. 写出几种未知肥料的鉴定结果（包括鉴定步骤）。

2. 不用任何试剂，怎样把过磷酸钙和钙镁磷肥区别开来？

3. 有一堆化学钾肥，不知是氯化钾还是硫酸钾，如何加以区别？

参 考 文 献

[1]　郑宝仁、赵静夫. 土壤与肥料. 北京：北京大学出版社，2007.

[2]　金为民. 土壤肥料. 北京：中国农业出版社，2001.

（张树生　编）

实训二十五　有机肥中氮、磷、钾的测定

【实训目标】

了解有机肥中养分与其他肥料中的养分的不同特点，熟悉测定的主要方法原理，掌握测定的操作技术，为农业生产服务。

【实训原理】

有机肥料中氮、磷和钾含量的高低，直接影响到其施用效果。有机肥料中的氮、磷大多数以有机态存在，钾以离子态存在。样品经浓 H_2SO_4 和氧化剂 H_2O_2 消煮，有机物被氧化分解，有机氮和磷转化成铵盐和磷酸盐，钾也全部释出。消煮液经定容后，可同时用于氮、磷、钾的定量测定。采用 H_2O_2 为加速消煮的氧化剂，不仅操作手续简单快速，对氮、磷、钾的定量没有干扰，而且具有能满足一般生产和科研工作所要求的准确度。但要注意遵照操作规程的要求操作，防止有机氮被氧化成氮气或氮的氧化物而损失。

【材料、设备和试剂】

（1）材料　有机肥料样品。

（2）设备　消煮炉和定氮蒸馏装置、721 分光光度计等。

（3）试剂

① 有机肥料中全氮含量的测定所需试剂

硫酸（ρ 1.84）；30％过氧化氢。

氢氧化钠：质量浓度为 40％的溶液。称取 40g 氢氧化钠（化学纯），溶于 100mL 水中。

硼酸：质量浓度为 2％的溶液。称取 2g 硼酸，溶于 100mL 约 60℃热水中，冷却，用稀碱在酸度计上调节溶液 pH＝4.5。

定氮混合指示剂：称取 0.5g 溴甲酚绿和 0.1g 甲基红，溶于 100mL 95％乙醇中。

硫酸 [$c(1/2H_2SO_4)＝0.05mol/L$] 或盐酸 [$c(HCl)＝0.05mol/L$] 标准溶液：配制和标定。

② 有机肥料中全磷含量的测定所需试剂

硫酸（ρ1.84）；硝酸；30％过氧化氢。

钒钼酸铵试剂：

A 液：称取 25.0g 钼酸铵，溶于 400mL 水中。

B 液：称取 1.25g 偏钒酸铵，溶于 300mL 沸水中，冷却后加 250mL 硝酸，冷却。

在搅拌下将 A 液缓缓注入 B 液中，用水稀释至 1L，混匀，贮于棕色瓶中。

氢氧化钠：质量浓度为 10％的溶液。

硫酸：体积分数为 5％的溶液。

磷标准溶液（50μg/mL）：称取 0.2195g 经 105℃ 烘干 2h 的磷酸二氢钾（优级纯），用水溶解后，转入 1L 容量瓶中，加入 5mL 硫酸，冷却后用水定容至刻度。该溶液 1mL 含磷（P）50μg。

2,4-（或 2,6-）二硝基酚指示剂（质量浓度为 0.2% 的溶液）：称取 0.2g 2,4-（或 2,6-）二硝基酚，溶于 100mL 水中（饱和）。

无磷滤纸。

③ 有机肥料中全钾含量的测定所需试剂

硫酸（ρ1.84）；30% 过氧化氢。

钾标准贮备溶液（1mg/mL）：称取 1.9067g 经 100℃ 烘 2h 的氯化钾，用水溶解后定容至 1L。该溶液 1mL 含钾（K）1mg，贮于塑料瓶中。

钾标准溶液（100μg/mL）：吸取 10.0mL 钾（K）标准贮备溶液于 100mL 容量瓶中，用水定容，此溶液 1mL 含钾（K）100μg。

【操作方法】

1. 试样溶液制备

称取过 0.5mm 筛的风干试样 0.5g（精确至 0.0001g），置于开氏烧瓶底部，用少量水冲洗粘附在瓶壁上的试样，加 5.0mL 浓硫酸和 1.5mL 过氧化氢，小心摇匀，瓶口放一弯颈小漏斗，放置过夜。在可调电炉上缓慢升温至硫酸冒烟，取下，稍冷后加 15 滴过氧化氢，轻轻摇动开氏烧瓶，加热 10min，取下，稍冷后分次再加 5～10 滴过氧化氢并分次消煮，直至溶液呈无色或淡黄色清液后，继续加热 10min，除尽剩余的过氧化氢。取下稍冷，小心加水至 20～30mL，加热至沸。取下冷却，用少量水冲洗弯颈小漏斗，洗液收入原开氏烧瓶中。将消煮液移入 100mL 容量瓶中，加水定容，静置澄清或用无磷滤纸干过滤到具塞三角瓶中，备用。

2. 空白试验

除不加试样外，试剂用量和操作同 1。

3. 测定

（1）有机肥料中全氮含量的测定　蒸馏前检查蒸馏装置（同土壤全氮测定）是否漏气，并进行空蒸馏清洗管道。吸取消煮清液 50.0mL 于蒸馏瓶内，加入 200mL 水。于 250mL 三角瓶加入 10mL 硼酸溶液和 5 滴混合指示剂。承接于冷凝管下端，管口插入硼酸液面中。由筒型漏斗向蒸馏瓶内缓慢加入 15mL 氢氧化钠溶液，关好活塞。加热蒸馏，待馏出液体积约 100mL，即可停止蒸馏。用硫酸标准溶液或盐酸标准溶液滴定馏出液，由蓝色刚变至紫红色为终点。记录消耗酸标准溶液的体积（mL）。空白测定所消耗酸标准溶液的体积不得超过 0.1mL。

（2）有机肥料中全磷含量的测定　有机肥料试样采用硫酸和过氧化氢消煮，在一定酸度下，待测液中的磷酸根离子与偏钒酸和钼酸反应形成黄色三元杂多酸。在一定浓度范围[磷（P）1～20mg/L]内，黄色溶液的吸光度与含磷量呈正比例关系，用分光光度法定量磷。

（3）有机肥料中全钾的测定　有机肥料试样经硫酸和过氧化氢消煮，稀释后用火焰光度法测定。在一定浓度范围内，溶液中钾浓度与发光强度呈正比例关系。

校准曲线绘制：吸取钾标准溶液 0、2.50、5.00、7.50、10.00mL，分别置于 5 个 50mL 容量瓶中，加入与吸取试样溶液等体积的空白溶液，用水定容，此溶液为 1mL 含钾（K）0、5.00、10.00、15.00、20.00μg 的标准溶液系列。在火焰光度计上，以空白溶液调节仪器零点，以标准溶液系列中最高浓度的标准溶液调节满度至 80 分度处。再依次由低浓度至高浓度测量其他标准溶液，记录仪器示值。根据钾浓度和仪器示值绘制校准曲线或求出直线回归方程。

吸取 5.00mL 试样溶液于 50mL 容量瓶中，用水定容。与标准溶液系列同条件在火焰光度计上测定，记录仪器示值。每测量 5 个样品后须用钾标准溶液校正仪器。

【实训结果】

1. 有机肥中全氮含量结果计算

肥料的全氮含量以肥料的质量分数表示，按下式计算：

$$全氮(N)含量 = (V - V_0)/[m \times (1 - X_0)] \times c \times 0.014 \times D \times 100\%$$

式中　V——试样滴定消耗标准酸溶液的体积，mL；

V_0——空白滴定消耗标准酸溶液的体积，mL；

c——酸标准溶液的浓度，mol/L；

0.014——氮的摩尔质量，g/mol；

D——分取倍数，定容体积/分取体积，100/50；

m——称取试样质量，g；

X_0——风干试样的含水量。

所得结果应表示至两位小数。

允许差：①取两个平行测定结果的算术平均值作为测定结果。②两个平行测定结果允许绝对差应符合表Ⅰ-25-1 要求。

表Ⅰ-25-1　有机肥全氮含量测定平行结果允许差

氮(N)含量/%	允许差/%
<0.50	<0.02
0.50~1.00	<0.04
>1.00	<0.06

2. 有机肥中全磷含量结果计算

肥料的全磷含量以肥料的质量分数表示，按下式计算：

$$全磷(P_2O_5)含量 = c \times V \times D/[m \times (1 - X_0)] \times 2.29 \times 10^{-4} \times 100\%$$

式中　c——由校准曲线查得或由回归方程求得显色液磷浓度，μg/mL；

V——显色体积，50mL；

D——分取倍数，定容体积/分取体积，100/5 或 100/10；

m——称取试样质量，g；

X_0——风干试样的含水量；

2.29——将磷（P）换算成五氧化二磷（P_2O_5）的因数；

10^{-4}——将 μg/g 换算为质量分数的因数。

所得结果应表示至两位小数。

允许差：①取两个平行测定结果的算术平均值作为测定结果。②两个平行测定结果允许绝对差应符合表Ⅰ-25-2 要求。

表 I-25-2　有机肥料全磷含量测定平行结果允许差

磷(P_2O_5)含量/%	允许差/%
<0.50	<0.02
0.50~1.00	<0.03
>1.00	<0.04

3. 有机肥中全钾含量结果计算

肥料的全钾含量以肥料的质量分数表示，按下式计算：

$$全钾(K_2O)含量 = c \times V/[m \times (1-X_0)] \times D \times 1.20 \times 10^{-4} \times 100\%$$

式中　c——由校准曲线查得或由回归方程求得测定液钾浓度，$\mu g/mL$；

　　　V——测定体积，本操作为 50mL；

　　　D——分取倍数，定容体积/分取体积，100/5；

　　　m——称取试样质量，g；

　　　X_0——风干试样的含水量；

　　1.20——将钾（K）换算成氧化钾（K_2O）的因数；

　　10^{-4}——将%g/g换算为质量分数的因数。

所得结果应表示至两位小数。

允许差：①取两个平行测定结果的算术平均值作为测定结果。②两个平行测定结果允许绝对差应符合表 I-25-3 要求。

表 I-25-3　有机肥料全钾测定平行结果允许差

钾(K_2O)含量/%	允许差/%
<0.60	<0.05
0.6~1.20	<0.07
1.20~1.80	<0.09
>1.80	<0.12

思 考 题

1. 为什么有机肥料经浓 H_2SO_4 和氧化剂 H_2O_2 消煮后所获得的消煮液可以同时测定氮、磷和钾三种养分的含量？

2. 磷和钾两种元素在肥料中的含量通常用氧化物的含量来表示，其换算系数各为多少？

参 考 文 献

[1] 中国科学院南京土壤研究所. 土壤理化分析. 上海：上海科学技术出版社，1978.
[2] 有机肥料国家行业标准（NY 525—2012），中华人民共和国农业部，2012.

（张树生　梅淑芳　编）

实训二十六　植物组织中氮、磷的快速测定

【实训目标】

了解植物组织中氮、磷的含量与根系营养状况的相关知识，掌握植物组织中氮、磷含量

快速测定的原理与技术。

【实训原理】

1. 硝态氮的测定

硝态氮（NO_3^-）与硝酸试粉作用，生成粉红色的偶氮化合物，其颜色深浅与硝态氮的浓度成正相关。将样品所显颜色与标准色阶进行目测比较，可快速求得硝态氮的浓度。硝酸试粉主要由锌粉、柠檬酸、α-萘胺、对氨基苯磺酸混合而成。

2. 铵态氮的测定

铵态氮（NH_4^+）与纳氏试剂反应生成红棕色沉淀，在有阿拉伯胶存在或 NH_4^+ 浓度低时，溶液呈黄色或棕色，溶液颜色的深浅反映铵态氮含量的多少，将显色与标准色阶比较即可确定样品中铵态氮的含量。

3. $H_2PO_4^-$ 的测定

磷酸根与钼酸铵结合生成磷钼酸铵，后者被二氯化锡（或抗坏血酸）还原生成磷钼蓝。磷钼蓝溶液蓝色的深浅与磷的浓度成正相关，借此可测定磷的含量。

【材料、设备及试剂】

（1）材料 大白菜、节骨木、瓜类、葡萄等幼苗。

（2）设备 伤流管（充填脱脂棉的塑料膜小管）、棉线、刀片、比色盘、耳勺、分光光度计、天平、恒温水浴锅、电炉等。

（3）试剂

① 硝酸试粉 称取硫酸钡 10g 分成数份，分别用 1g 硫酸钡与 0.2g 锌粉、0.4g 对氨基苯磺酸、0.2g α-萘胺混合，置研钵中研细，混匀，再加入 3.75g 柠檬酸一起研磨，混匀，储于棕色瓶中，防潮、避光。

② 50%醋酸 50mL 冰醋酸加蒸馏水至 100mL。

③ 100mg/L 硝态氮标准液 精确称取经 105℃烘干的分析纯 KNO_3 0.7220g（或 $NaNO_3$ 0.6068g）溶于蒸馏水中，定容至 1000mL。

④ 100mg/L 铵态氮标准液 精确称取经 105℃烘干的分析纯 $(NH_4)_2SO_4$ 0.4761g 溶于蒸馏水中，定容至 1000mL。

⑤ 纳氏试剂 称取 5g KI 溶于 5mL 蒸馏水中，另溶 3.5g $HgCl_2$ 于 15mL 水中，加热溶解。将 $HgCl_2$ 液缓缓地倒入 KI 溶液中，直至有少许经搅动仍不溶解的红色沉淀出现为止，然后加入 50% KOH 溶液 40mL（或 20% NaOH 溶液 70mL），再用蒸馏水稀释至 100mL，混匀，倾出清液装于棕色瓶中暗处保存。

⑥ 1%的阿拉伯胶 称取 1g 阿拉伯胶加热溶解于 100mL 蒸馏水中。

⑦ 盐酸钼酸铵溶液 称取 15g 化学纯钼酸铵溶于约 300mL 蒸馏水中（如混浊，需过滤），缓缓注入 292mL（相对密度为 1.19）的浓盐酸，边加边搅，最后加蒸馏水稀释至 1000mL，储于棕色瓶内。

⑧ 氯化亚锡甘油溶液 称取淡黄色新鲜干燥的氯化亚锡细晶体（$SnCl_2 \cdot 2H_2O$）2.5g，加入 10mL（相对密度为 1.19）的浓盐酸，待溶液全部溶解并透明后（如混浊，需过滤），再加纯甘油 90mL 混匀储于棕色瓶中，塞紧，置阴暗处可保存半年以上。

⑨ 100mg/L 磷标准液 精确称取经 105℃烘干的分析纯 KH_2PO_4 0.4390g 溶于蒸馏水中，定容至 1000mL。

【操作方法】

（1）植物组织汁液的制备（也可收集伤流液）　将大白菜茎放在榨汁机中榨取汁液，过滤后备用。

（2）NO_3^- 的测定　在比色盘的 5 个孔中分别按表 I-26-1 顺序滴加各试剂，用玻璃棒依次搅匀。5min 后，即成 5 个浓度 10mg/L、20mg/L、30mg/L、40mg/L、50mg/L 硝态氮的系列色阶。再于 6 号孔中加入汁液 5 滴（浓度太高时，可稀释后用）及硝酸试粉 1 勺，搅匀，5min 后，将其所显粉红色与标准色阶比较，确定样品液硝态氮浓度。

表 I-26-1　硝态氮系列标准浓度及汁液反应体系

项　　目	孔　号					
	1	2	3	4	5	6
各管 NO_3^- 浓度/(mg/L)	10	20	30	40	50	x
蒸馏水/滴	9	8	7	6	5	5
100mg/L 硝态氮液/滴	1	2	3	4	5	汁液 5 滴
50%醋酸/滴	1	1	1	1	1	1
硝酸试粉/勺	1	1	1	1	1	1

注：x 表示需测定的汁液浓度。

（3）NH_4^+ 的测定　在比色盘的 5 个孔中分别按表 I-26-2 顺序滴加各试剂，用玻璃棒依次搅匀。5min 后，即成 5 个浓度 10mg/L、20mg/L、30mg/L、40mg/L、50mg/L 铵态氮的系列色阶。再于 6 号孔中加入汁液 5 滴（浓度太高时，可稀释后用）及 1%的阿拉伯胶 2 滴、纳氏试剂 1 滴，搅匀，5min 后，将其所显红棕色与标准色阶比较，确定样品液铵态氮浓度。

表 I-26-2　NH_4^+ 系列标准浓度及汁液反应体系

项　　目	孔　号					
	1	2	3	4	5	6
各管 NH_4^+ 浓度/(mg/L)	10	20	30	40	50	x
蒸馏水/滴	9	8	7	6	5	5
100mg/L 铵态氮液/滴	1	2	3	4	5	汁液 5 滴
1%的阿拉伯胶/滴	2	2	2	2	2	2
纳氏试剂/滴	1	1	1	1	1	1

注：x 表示需测定的汁液浓度。

（4）$H_2PO_4^-$ 的测定　在比色盘的 5 个孔中分别按表 I-26-3 顺序滴加各试剂，用玻璃棒依次搅匀。5min 后，即成 5 个浓度 2mg/L、4mg/L、6mg/L、8mg/L、10mg/L 无机磷的系列色阶。再于 6 号孔中加入汁液 5 滴（浓度太高时，可稀释后用）及钼酸铵 1 滴、氯化亚锡甘油 1 滴，搅匀，5min 后，将其所显蓝色与标准色阶比较，确定样品液无机磷浓度。含磷 10mg/L 以上颜色过深，难于比较。

表 I-26-3　$H_2PO_4^-$ 系列标准浓度及汁液反应体系

项　　目	孔　号					
	1	2	3	4	5	6
各管 $H_2PO_4^-$ 浓度/(mg/L)	2	4	6	8	10	x
蒸馏水/滴	8	6	4	2	0	5
10mg/L 磷标准液/滴	2	4	6	8	10	汁液 5 滴
钼酸铵/滴	1	1	1	1	1	1
氯化亚锡甘油/滴	1	1	1	1	1	1

注：x 表示需测定的汁液浓度。

【实训结果】

将植物汁液成分分析结果汇总列表（包括被检离子、检测法、显色及现象、浓度等）。

思 考 题

1. 样品反应液的颜色超过所配的标准色阶时，应如何处理？
2. 谈谈植物组织快速测定方法的优缺点。

参 考 文 献

[1] 朱广廉，钟诲文，张爱琴. 植物生理学实验. 北京：北京大学出版社，1990.91.
[2] 李合生. 植物生理生化实验原理和技术. 北京：高等教育出版社，2001.118.
[3] 柳青松，吴颂如，陈婉芬. 植物生理学实验指导书. 北京：中央广播电视大学出版社，1990.19-20.

（叶珍 编）

第十章　植物生长与气候环境

实训二十七　环境温湿度和光照强度测定

【实训目标】

掌握地表温度和空气温度、空气湿度、光照强度的观测方法。

【实训原理】

用普通温度计、地面温度计可以直接观测植物生长环境中地表温度；干湿球温度计可以直接观测植物生长环境中的空气温度，若将感应部分包上湿纱布，就变为湿球温度计，湿球温度计与干球温度计配合，可以测出植物生长环境中空气湿度；通过照度计的传感探头把被测点的光照强度传到照度计的显示器上，测定被测点的光照强度。

【材料、设备和试剂】

普通温度计、地表温度计、干湿球温度计、照度计、记录表格等。

【操作方法】

观测时间安排在夏季晴天上午进行，选择植物种植地或森林公园，并在附近找一空旷地对比。两地同时进行观测，重复三次。

（1）温度测定　用普通温度计、地表温度计分别在两地的地表测定地表温度，正确观察并记录读数。用干湿球温度计分别在两地距地表 1m 处测定，正确观察并记录读数。

（2）湿度测定　用湿纱布包住温度计的球部，在两地距地表 1m 处测定，正确观察并记录读数，求算结果，计算空气湿度。

（3）光照强度测定

① 把标有 A、B、C 字样的传感器的探头插头分别插于仪器面板上的 INPUT（输入）的 A、B、C 插孔。各传感器放置于选定的被测点。

② 将照度计面板上的电源开关打开。

③ 照度计面板上有传感器选择开关。开关置于 A 位置时，仪器将对传感器 A 位置的照度进行测量。同理，置于 B、C 时，仪器对传感器 B 或者 C 位置的照度进行测量。

④ 从照度计的显示器上可以读出照度值读数。

【实训结果】

按表 I-27-1 准确读数并做好记录、计算：

表 I-27-1　环境温湿度和光照强度记录表

项　目		种植地内			种植地外		
		1	2	3	1	2	3
地表温度/℃	读数 结果 平均						

续表

项　目		种植地内			种植地外		
		1	2	3	1	2	3
距地表 1m 处温度/℃	读数						
	结果						
	平均						
空气湿度/%	读数						
	结果						
	平均						
光照强度/lx	读数						
	结果						
	平均						

思 考 题

1. 种植地内外温度有什么不同？为什么？
2. 对不同点的光照强度进行分析比较，发现什么问题？

参 考 文 献

[1] 唐祥宁，陈建德，高素玲. 园林植物环境. 重庆：重庆大学出版社，2009.

（徐雅玲　编）

第十一章　植物的逆境生理

实训二十八　植物组织抗逆性的测定（电导仪法）

【实训目标】

了解植物细胞电导率的变化与植物抗逆性的关系，学习用电导仪法测定植物组织抗逆性的方法，熟练掌握电导仪的使用方法。

【实训原理】

植物细胞膜的完整性对维持细胞正常代谢有重要作用。逆境胁迫对细胞膜造成不同程度损害，使细胞内电解质外渗，进而危害植物生长发育。

当植物组织受到逆境伤害时，细胞膜的结构和功能受损，常表现为细胞膜透性增大，细胞内部分电解质外渗，渗透液电导率增大。电导率可用电导仪测定。电导仪法是植物抗逆性测定的间接方法之一。渗透液的电导率大小反映细胞膜的透性大小，间接表示抗逆性的强弱。即电导率越大表示细胞膜透性越大，受逆境胁迫越严重，抗性越弱，反之则抗性越强。因此，可根据逆境胁迫下不同植物组织渗透液的电导率来进行抗逆品种资源的筛选、育种等应用研究。

【材料、设备和试剂】

（1）材料　水稻叶片。

（2）设备　电导仪、天平、保鲜膜、恒温箱、人工气候箱（冰箱）、容量瓶、烧杯、吸水纸等。

（3）试剂　双蒸馏水。

【操作方法】

（1）仪器的洗涤　所用玻璃用具均需先用洗衣粉清洗，然后用自来水、蒸馏水洗 3～5 次，干燥后备用。

（2）叶片处理　将水稻叶片在 45℃ 的人工气候箱中高温处理 1h（或在冰箱 -10℃ 中冷冻 1h 左右），以未作处理的水稻叶片作比较。

（3）电导率的测定　分别将处理和未经处理的水稻叶片称重后，用自来水冲洗 5min 后用双蒸馏水冲洗 4～5 次，再用吸水纸吸干表面水分，然后分别浸泡于 30mL 双蒸馏水的锥形瓶中保持 20min（瓶口用保鲜膜封口），用电导仪测定电导率。测定过程中注意振荡摇匀，待电导仪读数稳定时记录数据。

$$水稻叶片的电导率 = \frac{叶片浸泡液的电导率 - 对照双蒸馏水的电导率}{叶片重量}$$

【结果计算】

按下列公式计算水稻叶片的单位质量的电导率：

$$单位质量的电导率 [\mu S/(cm \cdot g)] = \frac{E - E_{CK}}{W}$$

式中　E——叶片浸泡液的电导率，$\mu S/cm$；

　　　E_{CK}——对照双蒸馏水的电导率，$\mu S/cm$；

　　　W——材料质量，g。

$$伤害率 = \frac{高温下生长的电导率}{常温下生长的电导率} \times 100\%$$

思 考 题

1. 电导率测定过程中为什么要注意振荡摇匀？

2. 电导率与植物细胞膜透性有何关系？植物细胞膜透性与伤害率有何关系？

参 考 文 献

[1]　李合生. 植物生理生化实验原理和技术. 北京：高等教育出版社，2003.261-263.

[2]　朱世杨，张小玲，罗天宽等. GA₃ 对老化花椰菜种子活力和几种相关生理生化性状的影响. 植物生理学通讯，2010，46（2）：143-146.

（朱世杨　编）

实训二十九　植物丙二醛含量的测定

【实训目标】

掌握植物组织中丙二醛（MDA）含量测定的方法，并熟练应用分光光度计。

【实训原理】

MDA 是细胞脂质过氧化作用的主要产物。通常用 MDA 含量表示膜脂过氧化程度和植物对逆境反应的强弱。

在酸性加热条件下，MDA 可与硫代巴比妥酸（TBA）反应，生成有色的三甲基复合物。该复合物吸光系数为 $1.55 mmol/L \cdot cm$，并在 532nm 波长处有最大光吸收，在 600nm 波长处有最小光吸收。

需要指出的是，植物组织中糖对 MDA 与 TBA 的反应有干扰作用。糖与 TBA 显色反应产物最大吸收波长在 450nm，在 532nm 处也有吸收。因此，采用分光光度计测定 MDA 时需要注意消除这种干扰。

【材料、设备和试剂】

（1）材料　植物新鲜叶片。

（2）设备　分光光度计、高速离心机、恒温水浴锅、移液器、离心管、研钵等。

（3）试剂

① 5％三氯乙酸（TCA）。

② 0.5％硫代巴比妥酸（TBA）：称 0.5g 硫代巴比妥酸，用 10％三氯乙酸（TCA）溶解并定容至 100mL。

【操作方法】

（1）称取叶片 0.5g，置于研钵中，加入 5％ TCA 6mL，研磨成匀浆。然后将匀浆转移至 10mL 离心管中，3000r/min 离心 10min。

（2）取上清液 2mL，加入 0.5％ TBA 2mL，混匀，100℃水浴煮沸 30min。然后迅速冷却，3000r/min 离心 10min。

（3）取上清液分别测定 450nm、532nm 和 600nm 波长下的吸光值。

【实训结果】

$$MDA 活性(\mu mol/g)=\frac{[6.45(A_{532}-A_{600})-0.56A_{450}]\times V\times 10^{-3}}{W}$$

式中　V——提取液总体积（mL）；

　　　W——植物叶片鲜重（g）。

思　考　题

1. 丙二醛含量测定中需要注意哪些事项？
2. 丙二醛测定中需要消除什么干扰作用？

参　考　文　献

［1］李合生. 植物生理生化实验原理和技术. 北京：高等教育出版社，2000.
［2］陈建勋，王晓峰. 植物生理学实验指导. 华南理工大学出版社，2006.

（朱世杨　编）

实训三十　植物脯氨酸含量的测定

【实训目标】

　　了解过脯氨酸在植物逆境胁迫中的作用，掌握植物组织中脯氨酸含量测定的方法。

【实训原理】

　　逆境条件下植物体内脯氨酸含量显著增加。植物体内脯氨酸含量在一定程度上反映了植物的抗逆性。因此，逆境条件下植物体内脯氨酸含量可以作为其抗性评价的参考指标。

　　磺基水杨酸对脯氨酸有特定的反应。采用磺基水杨酸提取植物样品时，脯氨酸游离于磺基水杨酸溶液中。在酸性条件下，茚三酮与水杨酸溶液中的脯氨酸加热生成红色缩合物，经甲苯萃取后，该缩合物在波长 520nm 处有最大吸收。通过标准曲线可以换算出脯氨酸含量。

【材料、设备和试剂】

　　（1）材料　植物新鲜叶片。

　　（2）设备　分光光度计、恒温水浴锅、移液器、离心管、容量瓶、漏斗、研钵等。

　　（3）试剂

　　① 酸性茚三酮溶液：称取 1.25g 茚三酮，溶解于 30mL 冰醋酸和 20mL 6mol/L 磷酸中，搅拌加热（70℃）溶解，冰箱中贮藏备用。

　　② 3%磺基水杨酸：称取 3g 磺基水杨酸，用蒸馏水溶解后定容至 100mL。

　　③ 冰醋酸、甲苯。

【操作方法】

　　1. 标准曲线的绘制

　　（1）脯氨酸标准液配制：称取脯氨酸 25mg，蒸馏水溶解并定容至 250mL，该标准液中每毫升含脯氨酸 100μg。

　　（2）系列浓度脯氨酸溶液配制：分别移取脯氨酸标准液 0.5、1.0、1.5、2.0、2.5、3.0mL，用蒸馏水定容于 6 个 50mL 的容量瓶中。6 个容量瓶中脯氨酸浓度分别为 1μg/mL、

$2\mu g/mL$、$3\mu g/mL$、$4\mu g/mL$、$5\mu g/mL$、$6\mu g/mL$。

（3）从上述 6 个容量瓶中分别吸取脯氨酸溶液 2mL，加入到 6 支试管中，则参与反应的脯氨酸含量分别为 2、4、6、8、10、12μg。然后每支试管中加入冰醋酸和酸性茚三酮溶液各 2mL，沸水浴加热 30min。

（4）冷却后各试管中加入甲苯 4mL，振荡 30s，静置片刻，使色素全部转移至甲苯溶液。

（5）用移液器小心吸取各管上层脯氨酸甲苯溶液至比色杯中，以甲苯溶液为空白对照，采用分光光度计测定 520nm 波长处吸光值。

（6）标准曲线的绘制：求出吸光值（y）与脯氨酸含量（x）间的回归方程，再按回归方程绘制标准曲线。

2. 样品侧定

（1）脯氨酸提取：称叶片样品 0.5g，放入试管中，然后加入 5mL 3％的磺基水杨酸溶液，沸水浴提取 10min（提取过程中要经常摇动），冷却后过滤，滤液即为脯氨酸提取液。

（2）吸取 2mL 脯氨酸提取液，放入另一试管中，加入冰醋酸和酸性茚三酮溶液各 2mL，沸水浴加热 30min，溶液即呈红色。

（3）冷却后加入甲苯 4mL，振荡 30s，静置片刻，取上层液至 10mL 离心管中，3000r/min 离心 5min。

（4）用移液器小心吸取各管上层红色脯氨酸甲苯溶液至比色杯中，以甲苯溶液为空白对照，采用分光光度计测定 520nm 波长处吸光值。

【实训结果】

根据标准曲线计算（查）出 2mL 测定液中脯氨酸的含量（μg），然后换算出样品中脯氨酸含量（$\mu g/g$样品）。计算公式如下：

$$脯氨酸含量(\mu g/g)=\frac{c\times\dfrac{V}{V_T}}{W}$$

式中　c——由标准曲线计算出的脯氨酸含量（μg）；

　　　V——提取液总体积（mL）；

　　　V_T——测定液体积（mL）；

　　　W——样品质量（g）。

思 考 题

1. 脯氨酸含量测定过程中需要注意哪些事项？
2. 脯氨酸含量测定有哪些意义？

参 考 文 献

[1]　李合生. 植物生理生化实验原理和技术. 北京：高等教育出版社，2000.

（朱世杨　编）

实训三十一　植物过氧化物酶活性的测定

【实训目标】

了解过氧化物酶（POD）在植物中的作用，掌握植物组织中过氧化物酶活性测定的方法，并熟练配制化学溶液和应用分光光度计。

【实训原理】

过氧化物酶能够催化过氧化氢将愈创木酚氧化成茶褐色物质。该物质在 470nm 处有最大光吸收。因此，可用分光光度计测定 470nm 处的吸光度变化来测定过氧化物酶活性。

【材料、设备和试剂】

(1) 材料 植物新鲜叶片。

(2) 设备 分光光度计、高速离心机、恒温水浴锅、移液器、离心管、研钵等。

(3) 试剂

① 0.2％愈创木酚：称 0.2g 愈创木酚，用 0.05mol/L 磷酸缓冲液（pH 6.0）定容至 100mL。

② 2％过氧化氢。

③ 0.05mol/L 磷酸缓冲液（pH 6.0）：参考附录配置。

【操作方法】

1. 酶液提取

称取叶片 0.5g，置于预冷过的研钵中，加入 6mL 0.05mol/L 磷酸缓冲液（pH 6.0），研磨成匀浆，然后将匀浆转移至 10mL 离心管中，在 15000r/min 下 4℃离心 15min，上清液即为 POD 酶粗提液。

2. POD 活性测定

取试管 2 支，第一支加入 0.05mol/L 磷酸缓冲液（pH 6.0）2.9mL，2％过氧化氢 1mL，0.2％愈创木酚 1mL，煮沸 10min 的酶液 0.1mL，作为校零对照；第二支加入 0.05mol/L 磷酸缓冲液（pH 6.0）2.9mL，2％过氧化氢 1mL，0.2％愈创木酚 1mL，酶液 0.1mL。迅速混匀，立即测定 A_{470} 值，于 0、30、60、90、120、150、180s 读数一次。以每分钟每克鲜重的吸光度变化 0.01 表示 POD 活性（U）。

【实训结果】

$$POD 活性[U/(g \cdot min)] = \frac{\Delta A_{470} \times V}{W \times V_T \times 0.01 \times t}$$

式中 ΔA_{470}——反应时间内吸光度的变化；

V——酶提取液总体积，mL；

W——植物叶片鲜重，g；

V_T——测定用酶液的体积，mL；

t——反应时间，min。

思 考 题

1. 分光光度计使用的注意事项有哪些？
2. POD 活性测定中需要注意哪些事项？如何降低 POD 活性测定误差？

参 考 文 献

[1] 李合生. 植物生理生化实验原理和技术. 北京：高等教育出版社，2000.
[2] 黄学林，陈润政. 种子生理实验手册. 北京：农业出版社，1990.
[3] 张志良. 植物生理学实验指导. 北京：高等教育出版社，1990.

（朱世杨 编）

实训三十二　植物组织中超氧物歧化酶活性的测定

【实训目标】

了解超氧化物歧化酶（SOD）在植物中的作用，掌握植物组织中超氧物歧化酶活性的测定方法，并熟练配制化学溶液和应用分光光度计。

【实训原理】

在逆境胁迫下，植物细胞内 $O_2^-·$、$OH·$、H_2O_2 等活性氧自由基大量积累，从而引发细胞膜脂过氧化作用造成植物受氧胁迫伤害。超氧化物歧化酶（SOD）是植物体内重要的抗氧化酶，可有效清除植物体内活性氧自由基，减轻氧自由基对细胞造成的损害，防止植物细胞衰老等。

超氧化物歧化酶（SOD）可催化超氧阴离子自由基 $O_2^-·$ 发生如下反应：

$$2O_2^-·+2H^+ \longrightarrow H_2O_2+O_2$$

反应产物 H_2O_2 可被过氧化氢酶进一步分解或被过氧化物酶利用。

超氧自由基（$O_2^-·$）不稳定，（SOD）活性测定一般采用间接方法，本实验利用氮蓝四唑（NBT）在光下的还原作用来确定酶的活性。在氧化物质存在下，核黄素在光下被还原、氧化生成 $O_2^-·$，$O_2^-·$ 可将 NBT 还原为蓝色甲腙，后者在 560nm 处有最大吸收。而 SOD 可清除 $O_2^-·$，从而抑制甲腙的形成。因此，可用光还原反应后反应液的蓝色深浅来表示酶的活性大小。即反应液蓝色越深，说明酶活性越低，反之酶活性越高。SOD 活性单位以抑制 NBT 光化还原的 50% 为一个酶活性单位，据此计算 SOD 活性。

【材料、设备和试剂】

（1）材料　植物新鲜叶片。

（2）设备　分光光度计、高速台式离心机、移液器、离心管、指形管、容量瓶、荧光灯（反应试管所处照度为 4000lx）等。

（3）试剂

① 0.05mol/L 磷酸缓冲液（pH 7.0）：取 $Na_2HPO_4·12H_2O$ 14.326g，KH_2PO_4 3.631g，1000mL 容量瓶定容，并调整 pH 7.0。

② 氮蓝四唑（NBT）反应液：用上述磷酸缓冲液将甲硫氨酸（Met）0.58g、NBT 0.01375g、核黄素 0.00014g、EDTA-Na_2 0.0087g 定容成 300mL。冰箱中避光储藏备用（最好现配现用）。

【操作方法】

（1）酶液的提取　称取叶片 0.5g，在预冷过的研钵中，加 6mL 预冷过的磷酸缓冲液研磨成匀浆。取 1.5mL 提取液于 4000r/min 下 4℃离心 20min，上清液即为 SOD 酶粗提液。

（2）显色反应　取 5mL 指形管 3 支，分别编号 $A_{空白}$、A_{CK} 和 A_E，分别加入 3mL NBT，其中 $A_{空白}$、A_{CK} 各加入 0.1mL 缓冲液，A_E 加入 0.1mL 酶提取液。混匀后，$A_{空白}$ 管置于黑暗处，其余 2 管置于 4000lx 光照下反应 20min（要求各管受光情况一致）。

（3）SOD 活性测定　反应结束后，以 $A_{空白}$ 为空白，测定其余管 560nm 的吸光度。

【实训结果】

已知 SOD 活性单位以抑制 NBT 光化还原的 50% 为一个酶活性单位表示，按以下公式计算 SOD 活性：

$$SOD 活性 = \frac{2(A_{CK} - A_E) \times V}{A_{CK} \times W \times V_T}$$

式中　A_{CK}——加缓冲液对照管的吸光值；

　　　A_E——加酶液管的吸光值；

　　　V——酶提取液总体积（6mL）；

　　　V_T——测定用酶液的体积（0.1mL）；

　　　W——样品鲜重，g。

思　考　题

1. SOD 活性测定中，设定光对照和暗对照的目的分别是什么？
2. SOD 活性测定中需要注意哪些事项？如何降低 SOD 测定误差？

参　考　文　献

[1] 李合生. 植物生理生化实验原理和技术. 北京：高等教育出版社，2003.261-263.
[2] 黄学林，陈润政等. 种子生理实验手册. 北京：农业出版社，1990.127-130.
[3] 朱世杨，洪德林. 籼稻 2 个杂种 F_1 种子活力和劣变处理后生化性状的比较. 中国生态农业学报，2008，16（2）：396-400.

（朱世杨　编）

实训三十三　植物体内过氧化氢酶活性的测定

【实训目标】

了解过氧化氢酶在植物代谢和抗性等方面的作用，学习和掌握测定过氧化氢酶活性的原理和方法。

（一）高锰酸钾滴定法

【实训原理】

过氧化氢酶普遍存在于植物组织中，其活性与植物的代谢强度及抗寒、抗病能力均有关系。植物在逆境下或衰老时，由于体内活性氧代谢加强而使 H_2O_2 发生累积。H_2O_2 可以直接或间接地氧化细胞内核酸、蛋白质等生物大分子，并使细胞膜遭受损害，从而加速细胞的衰老和解体。过氧化氢酶可以清除 H_2O_2，是植物体内重要的酶促防御系统之一。

过氧化氢酶属于血红蛋白酶，含有铁，它能催化过氧化氢分解为水和分子氧，在此过程中起传递电子的作用。过氧化氢则既是氧化剂又是还原剂。

$$5H_2O_2 + 2KMnO_4 + 4H_2SO_4 \longrightarrow 5O_2 + 2KHSO_4 + 8H_2O + 2MnSO_4$$

据此，可根据 H_2O_2 的消耗量或 O_2 的生成量测定该酶活力大小。在反应系统中加入一定量的 H_2O_2 溶液，经酶促反应后，用标准高锰酸钾溶液（在酸性条件下）滴定多余的 H_2O_2，即可求出消耗的 H_2O_2 的量。

【材料、设备和试剂】

（1）材料　小麦叶或水稻叶、甘蔗叶及其他植物叶片。

（2）设备　分析天平；恒温水浴；研钵；容量瓶；50mL 锥形瓶 4 个；滴定管；滴定管架；移液管；移液管架；漏斗；洗耳球等。

（3）试剂

① 0.1mol/L 高锰酸钾标准溶液：称取 $KMnO_4$ 3.1605g，用新煮沸冷却蒸馏水配制成 1000mL，再用 0.1mol/L 草酸溶液标定。

② 0.1mol/L H_2O_2：市售 30％ H_2O_2 大约等于 17.6mol/L，取 30％ H_2O_2 溶液 5.68mL，稀释至 1000mL，用标准 0.1mol/L $KMnO_4$ 溶液（在酸性条件下）进行标定。

③ 0.1mol/L 草酸：称取 $H_2C_2O_4 \cdot 2H_2O$ 12.607g，用蒸馏水溶液后，定容至 1000mL。

④ 其他：10％ H_2SO_4、0.2mol/L pH7.8 磷酸缓冲液。

【操作方法】

（1）酶液提取：取小麦叶片 2.5g 加入 pH7.8 的磷酸缓冲液少量，研磨成匀浆，转移至 25mL 容量瓶中，用该缓冲液冲洗研钵，并将冲洗液转入容量瓶中，用同一缓冲液定容，4000r/min 离心 15min，上清液即为过氧化氢酶的粗提液。

（2）取 50mL 锥形瓶 4 个（2 个测定，2 个对照），测定瓶中加入酶液 2.5mL，对照瓶中加入煮死酶液 2.5mL，再加入 2.5mL 0.1mol/L H_2O_2，同时计时，于 30℃ 恒温水浴中保温 10min，立即加入 10％ H_2SO_4 2.5mL。

（3）用 0.1mol/L $KMnO_4$ 标准溶液滴定 H_2O_2，至出现粉红色（在 30min 内不消失）为终点。

【实训结果】

酶活性用每克鲜重样品 1min 内分解 H_2O_2 的质量（mg）表示：

$$过氧化氢酶活性 [mgH_2O_2/(gFW \cdot min)] = \frac{(V_0 - V_1) \times V_t \times 1.7}{V_r \times W \times t}$$

式中　V_0——对照滴定值，mL；

　　　V_1——样品滴定值，mL；

　　　V_t——提取酶液总量，mL；

　　　V_r——反应时所用酶液量，mL；

　　　W——样品鲜重，g；

　　　t——反应时间，min；

　　　1.7——1mL 0.1mol/L $KMnO_4$ 相当于 1.7mg 过氧化氢的量。

【注意】

所用 $KMnO_4$ 溶液及 H_2O_2 溶液临用前要经过重新标定。

（二）碘量法

【实训原理】

过氧化氢酶把过氧化氢分解为水和氧，其活性大小，以一定时间内分解的过氧化氢量来表示，当酶与底物（H_2O_2）反应结束后，用碘量法测定未分解的 H_2O_2 量。以钼酸铵作催化剂，使 H_2O_2 与 KI 反应，放出游离碘，然后用硫代硫酸钠滴定碘，其反应式为：

$$H_2O_2 + 2KI + H_2SO_4 \longrightarrow I_2 + K_2SO_4 + 2H_2O$$

$$I_2 + 2Na_2S_2O_3 \longrightarrow 2NaI + Na_2S_4O_6$$

根据空白和测定二者硫代硫酸钠滴定用量之差，即可求出过氧化氢酶分解 H_2O_2 的量。

【材料、仪器设备及试剂】

（1）材料　水稻叶、甘蔗叶及其他植物叶片。

（2）设备　分析天平；恒温水浴；研钵；100mL 容量瓶；100mL 锥形瓶；滴定管；滴定管架；移液管；移液管架；漏斗；洗耳球等。

（3）试剂及配制

① 碳酸钙粉末。

② 1.8mol/L 的硫酸：取 1000mL 烧杯 1 只，加入约 500mL 蒸馏水，边搅拌边加入 100mL 浓硫酸，冷却后用容量瓶定容到 1000mL。

③ 10％的钼酸铵溶液：称取钼酸 10g，溶于蒸馏水中使成 100mL。

④ 1％淀粉溶液：取 1g 可溶性淀粉于小烧杯中加约 20mL 水调匀，慢慢倾入约 80mL 沸水中，在搅拌下加热至重新沸腾冷却后储于滴瓶中（可加少量 $HgCl_2$ 防腐）。

⑤ 0.05mol/L 硫代硫酸钠：称取 $Na_2S_2O_3 \cdot 5H_2O$ 25g，溶于新沸腾并冷却过的蒸馏水中，加入约 0.1g Na_2CO_3，并稀释至 1L，保存于棕色试剂瓶中，放置暗处。1 天后进行标定。

标定方法：精确称取分析纯 $K_2Cr_2O_7$ 约 0.15g 于 500mL 锥形瓶中，加 30mL 蒸馏水溶解，加入 2g KI 和 5mL 6mol/L 盐酸，在暗处放置 5min，然后用水稀释至 200mL，用 0.05mol/L 硫代硫酸钠溶液滴定，当溶液由棕红色变为浅黄色时，加入 1mL 淀粉溶液，继续滴至溶液由蓝色变为亮绿色（Cr^{3+} 离子的颜色）为止。计算出 $Na_2S_2O_3$ 的浓度（$K_2Cr_2O_7$ 的相对分子质量为 294.18）。

⑥ 0.01mol/L 硫代硫酸钠：用 20mL 移液管吸取标定过的 0.05mol/L 硫代硫酸钠溶液 20mL，加入 100mL 容量瓶中，加水定容，摇匀即成，用时现配。

⑦ 0.05mol/L 过氧化氢：取 1mL 30％的过氧化氢用水稀释至 150mL，用 0.05mol/L 硫代硫酸钠标定。

⑧ 20％KI：称取 200g 碘化钾溶于 800mL 蒸馏水中。

【操作方法】

1. 过氧化氢酶的提取

选取甘蔗功能叶片，擦净去主脉剪成碎片，混匀后迅速称取 1g 放入经冷冻过的研钵中，加少量 $CaCO_3$ 粉末及石英砂，并加入 3～4mL 蒸馏水，在冰浴上研磨至匀浆，用蒸馏水将匀浆通过漏斗洗入 100mL 容量瓶中，加蒸馏水定容至刻度，摇匀后过滤。然后再取滤液 10mL 至 100mL 容量瓶中，加蒸馏水至刻度，摇匀即为酶稀释液。

2. 酶活性测定

（1）取 100mL 容量瓶 4 个，编号，向各瓶准确加入稀释后的酶液 10mL，立即向 3 号瓶、4 号瓶中加入 1.8mol/L H_2SO_4 5mL 以终止酶活性，作为空白测定。

（2）将各瓶放在 20℃水浴中保温 5～10min（若室温超过 20℃则以室温为准）。保温后向各瓶准确加入 0.05mol/L H_2O_2 5mL，摇匀并记录酶促反应开始时间。

（3）将各瓶放在 20℃水浴中让酶与底物（H_2O_2）作用 5min。时间到后迅速取出，立即在 1 号瓶、2 号瓶中加入 1.8mol/L H_2SO_4 5mL 以终止酶活性。

（4）向 4 个瓶中各加入 20％KI 1mL 和 3 滴 10％ $(NH_4)_6Mo_7O_4$，摇匀，用 0.01mol/L $Na_2S_2O_3$ 滴定至淡黄色后再加入 5 滴 1％淀粉溶液作指示剂，再用 0.01mol/L $Na_2S_2O_3$ 滴定至蓝色刚消失为滴定终点，记录 $Na_2S_2O_3$ 用量。

【实训结果】

按下列公式，计算被测材料的过氧化氢酶（CAT）活性：

$$被分解 H_2O_2 量(mg) = (V_0 - V_1) \times c \times 17$$

$$\text{CAT 活性} \left[\text{mgH}_2\text{O}_2 / (\text{g} \cdot \text{min}) \right] = \frac{m \times V_t}{V_r \times W \times t}$$

式中　V_0——空白滴定值，mL；

　　　V_1——样品滴定值，mL；

　　　c——$Na_2S_2O_3$ 浓度，mol/L；

　　　m——被分解 H_2O_2 的质量，mg；

　　　17——1mmol $Na_2S_2O_3$ 相当于 H_2O_2 的质量，mg；

　　　V_r——测定取用酶液用量，mL；

　　　V_t——提取酶液总体积，mL；

　　　t——反应时间，min；

　　　W——样品质量，g。

思 考 题

1. 影响过氧化氢酶活性测定的因素有哪些？
2. 过氧化氢酶与哪些生化过程有关？

参 考 文 献

[1]　张志安，陈展宇. 植物生理学实验技术. 长春：吉林大学出版社，2008.
[2]　陈建勋，王晓峰. 植物生理学实验指导. 广州：华南理工大学出版社，2006.
[3]　熊庆娥. 植物生理学实验教程. 成都：四川科学技术出版社，2003.

（张小玲　编）

第十二章　植物的生长发育

实训三十四　植物种子生活力的测定

【实训目标】

了解种子生活力的概念及其在农业生产中的意义，掌握常用的快速测定种子生活力的两种方法。

（一）氯化三苯基四氮唑法（TTC 法）

【实训原理】

种子生活力是指种子能够萌发的潜在能力或种胚具有的生命力。它是决定种子品质和实用价值大小的主要依据，与播种时的用种量直接相关。

凡有生命活力的种子胚，在呼吸作用过程中都有氧化还原反应，在呼吸代谢途径中由脱氢酶催化所脱下来的氢可以将无色的 TTC 还原为红色、不溶性的 TTF，而且种子的生活力越强，代谢活动越旺盛，被染成红色的程度越深。死亡的种子由于没有呼吸作用，因而不会将 TTC 还原为红色。种胚生活力衰退或部分丧失生活力，则染色较浅或局部被染色。因此，可以根据种胚染色的部位以及染色的深浅程度来判定种子的生活力。

【材料、设备和试剂】

（1）材料　玉米、小麦等作物的种子。

（2）设备　恒温箱，培养皿，刀片，烧杯，镊子，天平。

（3）试剂　0.5% TTC 溶液：称取 0.5g TTC 放在烧杯中，加入少许 95% 乙醇使其溶解，然后用蒸馏水稀释至 100mL。溶液避光保存，若变红色，即不能再用。

【操作方法】

（1）浸种　将待测种子在 30～35℃温水中浸种（大麦、小麦 6h，玉米 5h 左右），以增强种胚的呼吸作用。

（2）显色　取吸胀的种子 200 粒，用刀片沿种子胚的中心线纵切为两半，将其中的一半置于 2 只培养皿中，每皿 100 个半粒，加入适量的 0.5% TTC 溶液，以覆盖种子为度。然后置于 30～35℃恒温箱中 0.5～1h。观察结果，凡胚被染为红色的是活种子。

将另一半在沸水中煮 5min 杀死胚，做同样染色处理，作为对照观察。

【实训结果】

将判断结果计入表Ⅰ-34-1，并计算活种子的百分率。

（二）红墨水染色法

【实训原理】

有生活力的种子其胚细胞的原生质具有半透性，有选择吸收外界物质的能力，某些染料如红墨水中的大红 G 不能进入细胞内，胚部不着色。而丧失生活力的种子其胚部细胞原生质膜丧失了选择吸收的能力，染料进入细胞内使胚部染色，所以可根据种子胚部是否染色来判断种子的生活力。

【材料、设备和试剂】

（1）材料　玉米、小麦等作物的种子。

（2）仪器设备　恒温箱，培养皿，刀片，烧杯，镊子。

（3）试剂　5％红墨水。

【操作方法】

（1）浸种　同上述 TTC 法。

（2）染色　取已吸胀的种子 200 粒，沿胚的中线切为两半，将一半置于培养皿中，加入5％红墨水（以淹没种子为度），染色 10～15min。

（3）观察　染色后倒去红墨水，用水冲洗多次，至冲洗液无色为止。检查种子死活，凡种胚不着色或着色很浅的为活种子；凡种胚与胚乳着色程度相同的为死种子。可用沸水杀死的种子作对照观察。

【实训结果】

将判断结果计入表表Ⅰ-34-1，并计算活种子的百分率。

表Ⅰ-34-1　染色法测定种子生活力记载表

方法 ＼ 项目	种子名称	供试粒数	有生活力的种子粒数	无生活力的种子粒数	有生活力的种子占供试粒数的百分率/%

思　考　题

1. 试验结果与实际情况是否相符？为什么？
2. 试比较 TTC 法与红墨水法测定的结果是否相同，为什么？

参　考　文　献

[1]　王衍安. 植物与植物生理实训. 北京：高等教育出版社，2004.99-101.
[2]　邹良栋. 植物生长与环境实训. 北京：高等教育出版社，2004.41.
[3]　李合生. 植物生理生化实验原理和技术. 北京：高等教育出版社，2000.207-211.
[4]　侯福林. 植物生理学实验教程. 北京：科学出版社，2004.22.

（罗天宽　编）

实训三十五　根系活力测定

【实训目标】

了解根的生长情况与地上部的营养状况之间的关系，学习和掌握测定根系活力的方法。

【实训原理】

植物根系是活跃的吸收器官和合成器官，根的生长情况和活力水平直接影响地上部的营养状况及产量水平。

氯化三苯基四氮唑（TTC）是标准氧化电位为 80mV 的氧化还原色素，溶于水中成为无色溶液，但还原后即生成红色而不溶于水的三苯基甲膳（TTF）。TTF 比较稳定，不会被空气中的氧自动氧化，所以 TTC 被广泛用作酶试验的氢受体，植物根系中脱氢酶所引起的 TTC 还原，可因加入琥珀酸、延胡索酸、苹果酸得到增强，而被丙二酸、碘乙酸所抑制。所以，TTC 还原量能表示脱氢酶活性，并作为根系活力的指标。

【材料、设备和试剂】

（1）材料 水培或砂培小麦、玉米等植物根系。

（2）设备 小烧杯 3 个，研钵 1 个，移液管 0.5mL 1 支、5mL 3 支、10mL 1 支，刻度试管 6 支，分光光度计，分析天平（感量 0.1mg），恒温箱 1 台，试管架，药匙，石英砂适量，滤纸等。

（3）试剂

① 乙酸乙酯（分析纯）。

② 次硫酸钠（$Na_2S_2O_4$，分析纯），粉末。

③ 1% TTC 溶液：准确称取 TTC 1.0g，溶于少量水中，定容到 100mL。用时稀释至需要的浓度。

④ 0.4% TTC 溶液：准确称取 0.4g TTC，溶于少量蒸馏水后定容至 100mL。

⑤ 磷酸缓冲液（1/15mol/L，pH7.0）。

⑥ 1mol/L 硫酸：用量筒取相对密度为 1.84 的浓硫酸 55mL，边搅拌边加入盛有 500mL 蒸馏水的烧杯中，冷却后稀释至 1000mL。

⑦ 0.4mol/L 琥珀酸：称取琥珀酸 4.72g，溶于水中，定容至 100mL 即成。

【操作方法】

1. 定性测定

（1）配制反应液 把 1% TTC 溶液、0.4mol/L 的琥珀酸和磷酸缓冲液按 1∶5∶4 比例混合。

（2）反应并观察 把根仔细洗净，将地上部分从茎基部切除。将根放入锥形瓶中，倒入反应液，以浸没根为度，置 37℃左右暗处放 1～3h，以观察着色情况，新根尖端几毫米以及细侧根都明显地变成红色，表明该处有脱氢酶存在。

2. 定量测定

（1）TTC 标准曲线的制作 取 0.4% TTC 溶液 0.2mL 放入大试管中，加 9.8mL 乙酸乙酯，再加少许 $Na_2S_2O_4$ 粉末摇匀，则立即产生红色的 TTF。此溶液浓度为每毫升含有 TTF 80μg。分别取此溶液 0.25mL、0.50mL、1.00mL、1.50mL、2.00mL 置 10mL 刻度试管中，用乙酸乙酯定容至刻度，即得到含 TTF 20μg、40μg、80μg、120μg、160μg 的系列标准溶液，以乙酸乙酯作参比，在 485nm 波长下测定吸光度，绘制标准曲线。

（2）样品反应 称取根尖样品 0.5g，放入小烧杯中，加入 0.4% TTC 溶液和磷酸缓冲液（pH7.0）各 5mL，使根充分浸没在溶液内，在 37℃下暗保温 1～2h，此后立即加入 1mol/L 硫酸 2mL，以停止反应。与此同时做一空白实验，先加硫酸，再加根样品，37℃下暗保温后不加硫酸，其溶液浓度、操作步骤同上。

（3）样品液浓度测定 把根取出，用滤纸吸干水分，放入研钵中，加乙酸乙酯 3～4mL，充分研磨，以提取出 TTF。把红色提取液移入刻度试管，并用少量乙酸乙酯把残渣洗涤 2~3 次，皆移入刻度试管，最后加乙酸乙酯使总量为 10mL，用分光光度计在波长 485nm 下比色，以空白试验作参比测出吸光度，查标准曲线，即可求出 TTC 还原量。

【实训结果】

$$四氮唑还原强度[以根鲜重计,mg/(g \cdot h)]=\frac{四氮唑还原量(mg)}{根重(g)\times 时间(h)}$$

思　考　题

为什么要测定根系活力？植物的根与地上部分有何关系？

参　考　文　献

[1] 王衍安. 植物与植物生理实训. 北京：高等教育出版社，2004.67.
[2] 邹良栋. 植物生长与环境实训. 北京：高等教育出版社，2004.42.

（罗天宽　编）

实训三十六　红光和远红光对植物形态建成的影响

【实训目标】

了解光对植物形态建成等方面的知识，观察红光和远红光在植物形态建成过程中的作用，进一步理解光敏素的生理作用。

【实训原理】

不同的光质影响植物的形态建成。一般来说红光有利于植物的形态建成，而远红光或黑暗下生长的植物呈黄花现象（即茎叶淡黄、茎秆细长、叶小而不伸展，机械组织不发达，水分多而干重少）。用拟南芥作试材，分别进行红光照射、远红光照射和黑暗三种处理，观察拟南芥植株的形态特征，从而证明光敏素在植物形态建成中的作用。

【材料、设备及试剂】

（1）材料　拟南芥或双子叶植物的种子。

（2）设备　红光源（用 PG501/3 滤光片过滤 40W/15 红色荧光灯的光线）、远红光源（用 PG501/3 和 PG627/3 滤光片过滤日本东芝的 20WFR 荧光灯的光线）、暗室、冰箱、烘箱、超净工作台、高压灭菌锅、试管、镊子等。

（3）试剂　MS 培养基、漂白粉。

【操作方法】

（1）配制 MS 基本培养基，分装于试管并进行高压灭菌，备用。

（2）拟南芥种子预先在湿润条件下 1~6℃冰箱低温处理 3~4 天后，见光 1 天，用饱和漂白粉消毒 10min，无菌水冲洗 3 次，接种在 MS 培养基上，每管 2~3 粒种子。

（3）在 21℃条件下分三种处理：①红光连续照 6 天；②远红光连续照 6 天；③黑暗 6 天。

（4）经 4~5 天后观察拟南芥植株经上述三种不同处理的形态特征。

【实验结果】

（1）比较三种处理后形态特征的差异。

（2）分别测定三种处理后拟南芥植株的株高、叶绿素含量等指标。

思 考 题

1. 试分析在红光、远红光和黑暗三种条件下，植物体内光敏色素含量是否有差异，为什么？
2. 为什么拟南芥种子要预先在湿润条件下 1～6℃冰箱低温处理？

参 考 文 献

[1] 中国科学院上海植物生理研究所，上海植物生理学会. 现代植物生理学实验指南. 北京：科学出版社，1999.231-232，234-235.
[2] 白宝章，汤学军. 植物生理学测试技术. 北京：中国科学技术出版社，1993.138.

（叶珍 编）

实训三十七 生长素对根、芽的影响

【实训目标】

明确不同浓度生长素类物质对植物生长的不同影响。了解不同器官的敏感程度不同。

【实训原理】

生长素及人工合成的类似物质，如萘乙酸等在低浓度下对植物生长有促进作用，高浓度则起抑制作用。根对生长素较敏感，促进和抑制其生长的浓度均比芽低些。根据此原理可观测不同浓度的萘乙酸对不同部位生长的促进和抑制作用。

【材料、设备和试剂】

（1）材料 小麦（或水稻）籽粒。

（2）设备 恒温培养箱、培养皿、移液管、圆形滤纸、玻璃棒。

（3）试剂

① 10mg/L 萘乙酸（NAA）溶液：称取萘乙酸 10mg，先溶于少量乙醇中，再用蒸馏水定容至 100mL，配成 100mg/L 萘乙酸溶液，将此液贮于冰箱中，用时稀释10 倍。

② 漂白粉适量。

【操作方法】

1. 将培养皿洗净烘干，编号，在①号培养皿中加入已配好的10mg/L NAA 溶液 10mL，在②～⑥号培养皿中各加入 9mL 蒸馏水，然后用吸管从①号皿中吸取 10mg/L NAA 溶液 1mL 注入②号皿中，充分混匀后即成 1mg/L NAA。再从②号皿吸 1mL 注入③号皿中，混匀即成 0.1mg/L，如此继续稀释至⑥号皿，结果从①到⑥号培养皿 NAA 浓度依次为 10mg/L、1.0mg/L、0.1mg/L、0.01mg/L、0.001mg/L、0.0001mg/L。最后从⑥号皿中吸出 1mL 弃去，各皿均为 9mL 溶液。第⑦号皿加蒸馏水 9mL 作为对照。

2. 精选小麦种子约 200 粒左右，用饱和漂白粉上清液表面灭菌 20min，取出用自来水冲净，再用蒸馏水冲洗 3 次，用滤纸吸干种子表面水分。在①～⑦号每个培养皿中放一张滤纸，沿培养皿周缘整齐地摆放 20 粒种子，使胚朝向培养皿中心，加盖后置 20～25℃温箱中，24～36h 后观察种子萌发情况，留下发芽整齐的种子 10 粒。3 天后，测定各处理种子的根数、根长及芽长，求其平均值，记入表Ⅰ-37-1 中，确定 NAA 对根、芽生长具有促进或抑制作用的浓度。

表 I -37-1 NAA 对根、芽生长的影响

项目	实验组别						
	1	2	3	4	5	6	7
萘乙酸/(mg / L)	10	1	0.1	0.01	0.001	0.0001	对照
平均根数							
平均根长/cm							
平均芽长/cm							

【实训结果】

分析实验结果,将小麦(或水稻)籽粒长出的根、芽长度绘图表示,并加以解释。

思 考 题

为何要从⑥号皿中吸出 1mL 弃去?

参 考 文 献

[1] 卞勇. 植物与植物生理. 北京:中国农业大学出版社,2007.

(潘晓琳 编)

实训三十八 乙烯利对果实、蔬菜的催熟作用

【实训目标】

了解乙烯利对果实和蔬菜催熟的生理功能,掌握乙烯利对果实和蔬菜催熟的基本原理及方法。

【实训原理】

乙烯是植物正常的代谢产物,是植物体内的一种内源激素,具有多种生理作用,能促进果实的成熟。

乙烯利(2-氯乙基膦酸)是一种人工合成的植物生长调节剂。它在 pH 高于 4.1 的条件下分解产生乙烯。植物细胞液的 pH 值一般接近于 6~7,有利于乙烯利缓慢释放乙烯,具有与内源乙烯相同的生理效应。

【材料、设备和试剂】

(1) 材料 番茄、香蕉。

(2) 设备 容量瓶、量筒、移液管、烧杯、水桶、塑料袋、秒表等。

(3) 试剂 乙烯利、吐温-80。

【操作方法】

(1) 摘取成熟度一致、果皮由绿转白的香蕉或番茄 30 个,10 个一组分为 3 组。第一、二组分别在不同浓度(500mg/L、250mg/L)的乙烯利溶液中浸 1~2min,溶液中加入 0.01% 吐温-80 作润湿剂;第三组为对照组,浸于蒸馏水(内含 0.01% 吐温-80)中,浸泡时间与上述处理时间一致。

(2) 将处理过的香蕉或番茄室温晾干后,分别置于 3 只塑料袋中,稍微缚紧袋口(留通

气孔），置于 25～30℃阴暗处。逐日观察香蕉或番茄变色和成熟的过程，记下成熟的个数，直至全部成熟为止。

【实训结果】

每天观察乙烯利处理番茄和香蕉与对照之间成熟的速度有何差异。并记录果皮的颜色、果实的硬软度变化情况，以及达到可食程度所需天数。

思 考 题

1. 乙烯的生物过程中受到哪些因素的抑制和促进？
2. 除了促进果实成熟外，乙烯还有哪些生理效应？

参 考 文 献

[1] 侯福林．植物生理学实验教程．北京：科学出版社，2005.

（潘晓琳 编）

第十三章　植物的生殖、衰老和脱落

实训三十九　花药发育时期及花粉活力的测定

一、花药发育时期的观察

【实训目标】

在教师的指导下，使学生掌握花药的发育过程中不同时期的特点，能识别花药发育的时期。了解成熟花药的基本结构。

【实训原理】

雄蕊是被子植物的雄性生殖器官，由花药和花丝两部分组成。幼小的花药是由一团具有分裂能力的细胞组成的。随着花药的发育，有分裂能力的细胞在不断分裂分化，在不同时期花药内部会有不同的形态，观察这些形态，就可知道花药所处的分裂时期。

【材料与设备】

（1）百合花药不同发育时期切片。

（2）显微镜。

【操作方法】

取不同发育时期的百合花药横切永久制片，首先在低倍镜下观察，区分出药隔、药壁及花粉囊；然后对准一个花粉囊，转入高倍镜下从外向内观察。

幼嫩花药的基本结构如下：

（1）药隔　整个花药横切面颇似蝶形，左右对称，中间部分即为药隔。

（2）花粉囊　花药被药隔分为两半，每半各2个小花粉囊。故未成熟之花药具4个独立的花粉囊，成熟之花药，花粉囊之间的隔膜消失，形成二大室。

（3）药壁　花药的壁由数层细胞组成，除最外一层为表皮层外，其内可分三层：纤维层，中层，绒毡层。

（4）花粉母细胞　在绒毡层以内，药室中许多彼此分离呈圆形的细胞，即为花粉母细胞，有的花粉母细胞已经过两次分裂形成4个花粉粒。

再取成熟花药的横切成制片观察，注意此时花药的壁已起了变化。花药破裂，绒毡层和它外面的两三层细胞逐渐消失，紧贴着表皮层的一层细胞加大（即上述纤维层）药粉母细胞已经形成4个花粉粒。注意成熟花粉粒外形，外围比较厚的叫外粉壁，外粉壁之内比较薄的叫内粉壁。壁之内具有浓厚的原生质，其中包含两个核，一个比较大（后来就形成花粉管）叫做管核；另一个比较小（后来就分裂成两个雄性细胞精子的核）叫做生殖核，即精核。

【实训结果】

绘出百合花药横切面图，并标出各部分及说明发育时期。

思 考 题

1. 雄蕊的结构如何？
2. 花粉是怎样形成的？

参 考 文 献

[1]　陈忠辉. 植物与植物生理. 北京：中国农业出版社，2003.

二、花粉活力的测定

【实训目标】

掌握鉴定花粉生活力的几种常用方法。

（一）花粉萌发测定法

【实训原理】

正常成熟的花粉粒具有较强的活力，在适宜的培养条件下能萌发和生长，在显微镜下可以直接观察与计数萌发个数，计算其萌发力，以确定其活力。

【器材与试剂】

显微镜、恒温箱、培养皿、载玻片、玻棒、滤纸。

培养基（10％蔗糖，10mg/L 硼酸，0.5％琼脂）：称 10g 蔗糖、1mg 硼酸、0.5g 琼脂与 90mL 水放入烧杯中，在 100℃ 水浴中熔化，冷却后加水至 100mL 备用。

【方法与步骤】

（1）培养花粉　将培养基熔化后，用玻璃棒蘸少许，涂布在载玻片上，放入垫有湿滤纸的培养皿中，保湿备用。

采集丝瓜、南瓜或其他葫芦科植物刚开放或将要开放的成熟花朵，将花粉洒落在涂有培养基的载玻片上，然后将载玻片放置于垫有湿滤纸的培养皿中，在 25℃ 左右的恒温箱（或室温 20℃）下培养 5～10min。

（2）观察　用显微镜检查 5 个视野，统计萌发花粉个数。

（二）碘-碘化钾染色测定法

【实训原理】

大多数正常成熟的花粉呈圆球形，积累着较多的淀粉，用在碘-碘化钾溶液染色时，呈深蓝色。发育不良的花粉往往由于不含淀粉或积累的淀粉较少，碘-碘化钾溶液染色时呈黄褐色。故可用碘-碘化钾溶液染色法来测定花粉生活力。

【器材与试剂】

显微镜、天平、载玻片、盖玻片、镊子、烧杯、量筒、棕色试剂瓶。

碘-碘化钾溶液：称取 2g 碘化钾溶于 5～10mL 蒸馏水中，加入 1g 碘，充分搅拌使完全溶解后，再加蒸馏水 300mL，摇匀储于棕色试剂瓶中备用。

【方法与步骤】

（1）制片与染色　采集水稻、小麦或玉米可育和不育植株的成熟花药，取一花药于载玻片，加一滴蒸馏水，用镊子将花药捣碎，使花粉粒释放。再加 1～2 滴碘-碘化钾溶液，盖上盖玻片。

（2）观察　观察 2～3 张片子，每片取 5 个视野，统计花粉的染色率，以染色率表示花粉的育性。

（三）氯化三苯基四氮唑法（TTC法）

【实训原理】

具有活力的花粉呼吸作用较强，其产生的 NADH 或 NADPH 能将无色的 TTC 还原成红色的 TTF 而使花粉本身着色。无活力的花粉呼吸作用较弱，TTC 颜色变化不明显，故可根据花粉着色变化来判断花粉的生活力。

【用品与材料】

显微镜、恒温箱、天平、载玻片、盖玻片、镊子、烧杯、量筒、棕色试剂瓶。

0.5％TTC 溶液：称取 0.5g TTC 放入烧杯中，加少许 95％酒精使其溶解，然后用蒸馏水稀释至 100mL，储于棕色试剂瓶中避光保存（若溶液已发红，则不能再使用）。

【方法与步骤】

（1）染色 采集植物花粉，取少许放在载玻片上，加 1～2 滴 0.5％TTC 溶液，盖上盖玻片，置于 35℃恒温箱中，10～15min 后镜检。

（2）镜检 观察 2～3 张片子，每片取 5 个视野镜检，凡被染成红色的花粉活力强，淡红色的次之，无色者为没有活力或不育花粉。统计花粉的染色率，以染色率表示花粉活力的百分率。

【实训结果】

计算每一种方法测定的花粉生活力。

$$花粉生活力(\%) = \frac{花粉发芽个数(花粉染色个数)}{观察花粉总个数} \times 100\%$$

思 考 题

1. 实训中的每一种方法是否适合所有植物花粉生活力的测定？
2. 哪一种方法更能反映花粉的活力？

参 考 文 献

[1] 陈忠辉. 植物与植物生理. 北京：中国农业出版社，2003.

（徐雅玲 编）

实训四十 植物组织维生素 C 含量测定

【实训目标】

了解植物组织中维生素 C 含量是反映果蔬营养质量的重要指标之一，了解测定植物组织中维生素 C 含量的一般原理，掌握用 2,6-二氯酚靛酚滴定法测定植物组织维生素 C 的基本操作方法。

【实训原理】

维生素 C 是人类营养中重要的维生素之一，缺乏时会产生坏血病。水果、蔬菜是供给人类维生素 C 的主要来源，不同栽培条件、不同成熟度都可以影响水果、蔬菜中维生素 C 的含量。

维生素 C 又称抗坏血酸，自然界中存在的维生素 C 有还原型和氧化型两种，前者含量较高，在一般蔬菜和水果中占 90％以上，且生物活性大，易被氧化型的 2,6-二氯酚靛酚氧化成氧化型维生素 C。因为氧化型 2,6-二氯酚靛酚不仅是氧化剂，而且是一种指示剂，它在中性和碱性溶液中呈蓝色，在酸性溶液中为红色，而还原型 2,6-二氯酚靛酚却为无色。因此在酸性环境下用氧化型 2,6-二氯酚靛酚可滴定还原型维生素 C 的量。以微红色作为滴定终点，此时表示溶液中全是氧化型维生素 C。根据 2,6-二氯酚靛酚的消耗量，可以计算出被检样品维生素 C 的含量，即 2,6-二氯酚靛酚的消耗量越多，维生素 C 的含量越多。通常以每 100g 样品所含维生素 C 的质量（mg）表示被测样品的维生素 C 含量。

【材料、设备和试剂】

（1）材料　各类水果。

（2）设备　组织捣碎机；天平；不锈钢刀；微量滴定管；50mL 容量瓶；100mL 容量瓶；50mL 锥形瓶；漏斗；漏斗架；10mL 移液管；玻璃棒；脱脂棉；研钵；小烧杯。

（3）试剂　2% 草酸；1% 草酸；0.02% 2,6-二氯酚靛酚钠盐。

【操作方法】

1. 维生素 C 的提取

（1）用不锈钢刀在玻璃板上或瓷皿中将样品切碎，注意勿与铁器及铜器接触，切的时候要尽量迅速。

（2）称取上述切碎混匀的样品 100g，加入 100mL 2% 草酸，放入组织捣碎机中打成匀浆。

（3）称取 10～30g 匀浆，倒入 100mL 容量瓶中，用 1% 草酸稀释至刻度，此操作应尽量迅速，以免维生素 C 氧化。匀浆如有泡沫，可加数滴辛醇或乙醚以除去之（用棉花过滤，滤液即为待测液）。

如果没有组织捣碎器，可以放在研钵中研磨，研磨时间应不长于 10min。

如果材料是流质（如橙汁等），则无需研磨，直接取一定数量的汁液，加等量 2% 草酸。用干滤纸过滤，弃去起初数毫升滤液（或用离心机离心）。

2. 维生素 C 含量测定

（1）用干净吸管吸取滤液 10mL，放入 50mL 锥形瓶中（如果样品中维生素 C 含量很低，100g 中含 5mg 以下，可取 25mL），立即用二氯酚靛酚钠迅速滴定，直到淡粉红色能存在 15s 为止，重复滴定 3 次。为准确起见，应该用微量滴定管滴定。

说明：滴定时，起初染料需很快加入，直至粉红色出现而立即消失，而后尽可能快地一滴一滴加入，同时不停摇匀，直至粉红色存在 15s。样品中可能有其他杂质亦能还原二氯酚靛酚钠，但一般杂质还原二氯酚靛酚钠速度较慢，故滴定速度是很重要的。终点以粉红色存在 15s 为准。如时间过长，则其他杂质也可能参加还原作用。滴定应该在 1～2min 内完成，要使结果准确，滴定的 2,6-二氯酚靛酚钠溶液不应少于 1mL 或多于 4mL，如滴定数少于 1mL 或多于 4mL，则必须增减样品用量或将提取液适当稀释。

（2）另取 10mL 1% 草酸，用染料滴定至如上述的终点，作为空白实验。

【实训结果】

1. 计算样品中维生素 C 含量

$$维生素 C（以鲜重计，mg/100g）＝\frac{(V_1-V_2)\times T}{W}\times 100$$

式中　W——滴定时所用之样品稀释液中所含材料质量，g；

　　　V_1——滴定提取液时用去染料，mL；

V_2——滴定空白时用去染料，mL；

T——每毫升染料所氧化维生素 C 的质量（mg），大约为 0.088mg/mL。

T 值的求法：先配制标准维生素 C 溶液，用 1％草酸溶液溶解 10mg 纯的维生素 C 并定容至 50mL，此液 1mL 便含有维生素 C 0.2mg，然后取此液 5mL（含 1mg 维生素 C），加入 1％草酸 5mL，以 0.02％ 2,6-二氯酚靛酚钠滴定之，至粉红色能存在 15s 为终点。所用的染料用量，相当于 1mg 维生素 C。由此求出 1mL 染料相当于多少毫克维生素 C(T)。例如：滴定 5mL 标准维生素 C 时，用去染料的量为 12mL，则 $T=1/12\text{mg/mL}=0.083\text{mg/mL}$。

由于维生素 C 很不稳定，故配制后必须马上进行标定。

2. 记录结果

将实验结果记录于下表：

植物名称	测定部位	成熟期	维生素 C 含量(以鲜重计)/mg/100g

思 考 题

不同植物组织中，不同成熟度，不同栽培养条件下，维生素 C 含量有否差别？

参 考 文 献

[1] 李丽娅. 食品生物化学. 北京：高等教育出版社，2005.

（徐雅玲 编）

第二篇　综合实训技能

　　本篇内容是继完成第一篇单项实训技能后进行的综合性实践教学内容。在此阶段，学生将通过自选实训题目、自拟实训方案、实施研究计划、处理数据资料及撰写研究简报等一系列具体教学环节，把已掌握的基本实训技术和基础理论逐步融会贯通并熟练运用，从而使学生能充分理解光、温、水、肥、土等环境因素对植物生长发育的影响，强化了与专业课教学的衔接。通过这一阶段的学习，学生的自学能力、研究能力、分析与解决问题的能力及创新思维将得到全面的综合训练和较显著的提高。

综合实训一 常见种子植物的观察与识别技术

【实训目标】

学会种子植物的识别方法并掌握种子植物形态特征的描述、检索表的使用以及野生植物调查等有关技术。能识别常见农作物、经济作物、园林植物、田间杂草,并掌握其基本形态特征。

【实训内容】

1. 常见农作物的观察与识别。

2. 常见果树与蔬菜的观察与识别。

3. 常见观赏植物的观察与识别。

【考核指标】

1. 方案设计与准备(占总成绩的20%)。

2. 基本操作+观察识别(占总成绩的40%+20%)。

3. 实训报告(占总成绩的20%)。

[参考方案] 常见农作物的观察与识别

一、实训项目

常见农作物的观察与识别。

二、实训目标

识别当地主要农作物,掌握农作物的常见种类及其形态特征,了解农作物所在科的主要识别特征和农作物的分类方法。

三、实训材料与仪器设备

当地主要农作物、解剖针、解剖镜、放大镜、卷尺、记录本、采集箱、采集铲、枝剪、植物分类检索表等。

四、技术路线

参观室外大田、果园、菜园及温室大棚,借助植物分类检索表及其他工具书识别农作物(名称、形态特征)。

五、观测与收集的数据和方法

1. 外部形态观察记录

仔细观察所考察的农作物的形态特征,描述其根、茎、叶、花、果实及种子等器官的外部形态及解剖结构并填写表Ⅱ-1-1。

(1)根与根系:直根系、须根系,根的种类与特点。

(2)茎和分枝:茎色,质地,表面附着物,茎高,茎粗,分蘖和分枝。

表Ⅱ-1-1　作物种类及形态特征识别记录表

农作物	植物学分类	用途分类	主要特征					
			根	茎	叶	花	果实	种子

（3）叶：组成，叶形，叶色，叶脉，叶序。

（4）花：单生花序类型。

（5）果实：类型。

（6）种子：颜色，形态。

2. 鉴定识别

将观察结果与检索表进行对比分析，确定所考察农作物所属科、种，并编制考察农作物科、种检索表。

3. 确定类别

根据农作物用途，结合植物分类法，确定所考察的农作物的类别。

（1）粮食作物：谷类作物，豆类作物，薯类作物。

（2）经济作物：纤维作物，糖料作物，油料作物，药用作物。

（3）绿肥及饲料作物：绿肥作物，饲料作物。

［相关资料一］　农作物的分类方法及常见种类

一、作物分类及常见种类（按用途分）

1. 粮食作物

禾谷类：水稻、小麦、黑麦、玉米、高粱、粟、黍等。

豆类：大豆、蚕豆、绿豆、小豆、豇豆、菜豆等。

薯芋类：甘薯、马铃薯、山药、菊芋等。

2. 经济作物（或工业原料作物）

纤维类：棉花、麻类。

油料作物：油菜、花生、芝麻、蓖麻、向日葵、黄芥、苏子等。

糖类作物：甜菜等。

其他作物：烟草、薄荷、啤酒花、代代花等。

3. 绿肥及饮料作物

苜蓿、紫云英、草木樨、沙打旺、紫穗槐、红萍、水葫芦、水浮萍、水花生、田菁等。

二、蔬菜分类方法及常见种类

蔬菜分类方法大致有三种，分别是按植物自然分类法、按食用器官分类法与按农业生物学分类法。农业生物学分类法将蔬菜分为根菜类、白菜类、茄果类、瓜类、豆类、葱蒜类、绿叶菜类、水生菜类、多年生蔬菜类和食用菌。下面介绍按食用器官进行分类所包括的蔬菜种类。

1. 根菜类

直根类：萝卜、芜菁、胡萝卜、根甜菜。

块根类：甘薯、山药。

2. 茎菜类

肥茎类：莴笋、茭白、芥菜、球茎甘蓝。

嫩茎类：芦笋、竹笋、香椿。

块茎类：马铃薯、菊芋。

根茎类：姜、莲藕。

球茎类：慈姑、芋。

鳞茎类：蒜、洋葱。

3. 叶菜类

普通叶菜类：白菜、菠菜、茼蒿、苋菜、芥菜等。

结球叶菜类：结球甘蓝、结球莴苣等。

香辛叶菜类：大葱、韭菜、芹菜等。

4. 花菜类

花器官类：金针菜。

花枝类：花椰菜。

5. 果菜类

瓠果类：南瓜、黄瓜、西瓜、冬瓜、瓠瓜、丝瓜、苦瓜等。

浆果类：茄子、番茄、辣椒等。

荚果类：菜豆、豇豆、刀豆、豌豆等。

三、果树分类及常见种类

果树按叶的生长期分为落叶果树（桃、李、杏）和常绿果树，按生长习性分乔木、灌木、藤本和多年生草本果树等。

目前较为通用的分类方法是根据果实形态结构和利用特征分为以下六类：

核果类：桃、李、杏、梅、樱桃等。

梨果类：梨、苹果、山楂等。

浆果类：葡萄、猕猴桃、无花果、草莓等。

坚果类：核桃、板栗、榛子、银杏、山核桃等。

柑果类：柑、橘、橙、柚等。

亚热带及热带果树类：龙眼、荔枝、杜果、椰子、香蕉、凤梨、番木瓜、番石榴、番荔枝等（南方果树）。

注：品种分类标准应在种的分类基础之上，将同一种或同一变种起源的品种，不论是一个种的变种还是一个种的染色体加倍所形成的多倍体，均列为一个品种系统。

［相关资料二］ 常见种子植物科的特征

一、裸子植物门（Gymnosperm）

现代裸子植物的种类属于 12 科、71 属、近 800 种。我国有 11 科、42 属、236 种、47 变种，其中有 1 科、7 属、51 种、2 变种为引种栽培。

1. 苏铁科（Cycadaceae）

（1）主要特征

① 常绿木本，茎通常无分支。

② 叶二形，鳞叶小，被褐色毛，营养叶大，羽状深裂，集生于茎顶，幼时卷曲。

③ 雌雄异株，各成顶生大头花序，无花被。

④ 种子呈核果状，有肉质外果皮，内有胚乳，子叶 2，发芽时不出土。

（2）类群　9 属、110 种，分布于热带、亚热带地区。我国有 1 属、8 种。

（3）常见种类　观赏植物，如苏铁。

2. 银杏科（Ginkgoaceae）

（1）主要特征

① 落叶乔木。

② 叶片扇形，二叉状脉序。

③ 球花单性，雌雄异株。

④ 种子核果状，外种皮肉质，中种皮骨质，内种皮膜质；胚乳丰富，子叶 2 枚。

（2）类群　树木为孑遗树种（活化石），在古生代及中生代很繁盛，至新生代第三纪时渐衰亡，而在新生代第四纪由于冰川期的原因，中欧及北美等地的本科树木完全绝种。现在世界仅存 1 属、1 种，为我国所特有。我国有千年以上的古树。

（3）常见种类　果树、林木植物、观赏植物、药用植物，如银杏。

3. 柏科（Cupressaceae）

（1）主要特征

① 常绿乔木及直立或匍匐灌木。

② 叶交叉对生或三叶轮生，幼苗时期叶刺状，成长后叶为鳞片状或刺状或同株上兼有两种叶形。

③ 雌雄同株或异株。

④ 球果种类木质或革质，开裂，或肉质结合而生。

⑤ 种子有翅或无翅；子叶 2，罕 5～6。

（2）类群　22 属，约 150 种，分布于全世界。我国有 8 属、29 种、7 变种，另有引种栽培 1 属、15 种。

（3）常见种类

① 林木植物　侧柏、桧柏（圆柏）、龙柏、千头柏、翠柏、铺地柏、刺柏、柏木及罗汉柏等。

② 观赏植物　侧柏、龙柏、桧柏（圆柏）、千头柏、翠柏、铺地柏及刺柏。

4. 松科（Pinaceae）

（1）主要特征

① 常绿或落叶乔木，有树脂。

② 叶针形或钻形，螺旋状排列，单生或簇生。

③ 雌雄同株或异株。

④ 球果有多数脱落或不脱落的木质种鳞，每种鳞上有 2 粒种子。

⑤ 种子上端常有 1 膜质的翅，罕无翅或近无翅，胚具 2～16 枚子叶。

（2）类群　10 属，约 230 余种，大多分布在北半球。我国有 10 属、113 种、29 变种。

（3）常见种类

① 观赏植物　雪松、红松、白扦、红皮云杉、金钱松、油松、黑松、日本五针松及云杉等。

② 林木植物　红松、金钱松、油松、华北落叶松、云杉、黄山松、华山松、赤松及马尾松等。

5. 红豆杉科（Taxaceae）

（1）主要特征

① 常绿乔木或灌木。

② 叶条形，少数为条状披针形。

③ 花单性，雌雄异株。

④ 种子核果状，全部为肉质假种皮所包，或顶端露出，有胚乳；子叶 2，发芽时出土。

（2）类群　5 属，约 32 种。我国有 4 属、12 种、1 变种、1 栽培变种。

（3）常见种类

① 观赏植物　东北红豆杉、南方红豆杉、紫杉及日本榧树。

② 果树　香榧。

③ 药用植物　红豆杉。

6. 杉科（Taxodiaceae）

（1）主要特征

① 常绿或落叶乔木，树皮常裂成长条片脱落。

② 叶互生，螺旋状排列，稀交叉对生（水杉属），披针形、锥形、鳞形或条形，同一树上的叶同形或异形。

③ 球花单性，雌雄同株。

④ 球果当年成熟，球果的种鳞与苞鳞合生。

⑤ 种子周围或两侧有窄翅，或下部具长翅，子叶 2～9，发芽时出土。

（2）类群　10 属、16 种。我国有 5 属、7 种，引入 4 属、7 种。

（3）常见种类　林木植物，如杉木、柳杉、水松、落羽杉、池杉及水杉等。

二、被子植物门（Angiosperm）

被子植物又称优化植物或雌蕊植物，是现代植物界中最高级、最完善、最繁茂和分布最广的一类植物。

（一）双子叶植物纲（Dicotyledoneae）

双子叶植物胚常具有两片子叶；主根发达，多为直根系；茎内维管束常环状排列，具形成层；叶具网状脉；花各部分常 5 或 4 基数，极少 3 基数。根据克朗奎斯特系统，双子叶植物纲分为 6 个亚纲、64 目、318 科，约 165000 种。

1. 木兰科（Magnoliaceae）

（1）主要特征

① 乔木或灌木，稀藤本，常绿或落叶。

② 单叶互生，全缘，稀浅裂或有齿；托叶有或无。

③ 花两性或单性，单生或数朵成花序。

④ 蓇葖果、蒴果或浆果，稀为带翅坚果。

（2）类群　18 属，约 335 种，产于亚洲和北美的温带至热带。我国有 14 属、165 种。

（3）常见种类

① 药用植物　厚朴。

② 观赏植物　白兰花、五味子、广玉兰、含笑、玉兰、鹅掌楸及腊梅等。

2. 桑科（Moraceae）

（1）主要特征

① 木本，稀草本；常有乳汁。

② 单叶互生，稀对生，托叶早落。

③ 花小，单性同株或异株，常集成头状花序、柔荑花序或隐头花序；花单被，通常4片。

④ 小瘦果或核果，每瘦果外包有肉质花被，许多瘦果组成聚花果，或瘦果包藏于肉质花序托内，因此称隐花果。

⑤ 种子通常有胚乳，胚多弯曲。

（2）类群　约70属、1800余种，主产于热带和亚热带地区，少数产于温带。我国有18属、160余种，主要分布于长江以南各省区。

（3）常见种类

① 果树　无花果、桑、木菠萝等。

② 观赏植物　无花果、小叶榕、桑树、榕树及印度橡皮树等。

③ 林木植物　桑树、构树、榕树等。

3. 壳斗科（Fagaceae）

（1）主要特征

① 落叶或常绿乔木，稀灌木。

② 单叶，互生，羽状叶脉；托叶早落。花序直立穗状、柔荑状或头状。

③ 花单性，雌雄同株或同序；无花瓣；花萼杯状，4～6裂，与子房合生；子房下位。

④ 坚果1～3个生于1总苞内，当年或翌年成熟。

⑤ 种子无胚乳，子叶大，发芽时多不出土。

（2）类群　7属、900余种，多分布于热带和亚热带。我国有7属、约320种，主产于南部及西南各省。

（3）常见种类

① 果树　板栗等。

② 观赏植物　辽东栎、石栎、蒙古栎等。

③ 林木植物　麻栎、栓皮栎、槲树等。

4. 锦葵科（Malvaceae）

（1）主要特征

① 草本、灌木或乔木。

② 单叶，互生，常为掌状脉及掌状裂，有托叶。

③ 花两性，形大，单生或成蝎尾状聚伞花序；常具副萼。

④ 蒴果，室背开裂或分裂为数果瓣。

⑤ 种子多具油质胚乳。

（2）类群　约50属、1000种，广布于温带至热带各地。我国有16属、81种、36变种和变型。

（3）常见种类

① 大田作物　棉花、苘麻、红麻及海岛棉等。

② 观赏植物　吊灯兰、锦葵、蜀葵、花葵、吊灯花、木槿、木芙蓉及扶桑等。

③ 药用植物　冬葵（籽入药）、苘麻（种子入药）、玫瑰茄。

5. 葫芦科（Cucurbitaceae）

（1）主要特征

① 草质或木质藤本；茎匍匐或攀援。

② 叶互生，通常为单叶，有时为鸟足状复叶。

③ 花单性或极稀两性，雌雄同株或异株，单生、簇生或集合成各式花序。

④ 果实大型至小型，浆果状或以多种方式开裂。

⑤ 种子多数，稀少数或1枚，无胚乳。

（2）类群　约113属、800种，主要分布于热带及亚热带地区。我国有32属、154种、35变种，多分布于南部。

（3）常见种类

① 蔬菜　黄瓜、南瓜、西瓜、冬瓜、瓠瓜、丝瓜、苦瓜、甜瓜（香瓜）、葫芦及佛手瓜等。

② 药用植物　绞股蓝、栝楼、罗汉果及苦瓜等。

③ 油料作物　油渣瓜（油瓜）。

6. 杨柳科（Salicaceae）

（1）主要特征

① 落叶乔木或灌木。

② 单叶互生，稀对生，有托叶。

③ 花单性异株，成柔荑花序；无花被，子房上位，1室。

④ 蒴果2～4裂。

⑤ 种子细小，基部有白色丝状长毛，无胚乳。

（2）类群　3属、约620种，产于北温带及亚热带。我国3属、约320种，遍及全国。本科植物易于种间杂交，故分类较为困难。

（3）常见种类

① 林木植物　加拿大白杨、毛白杨、钻天杨、垂柳、旱柳、青杨、山杨、银柳、胡杨、银白杨及小叶杨等。

② 观赏植物　毛白杨、垂柳及小叶杨等。

7. 十字花科（Cruciferae）

（1）主要特征

① 一年生或多年生草本，少数灌木状。

② 叶互生，基生叶常呈莲座状，无托叶，叶全缘或羽状深裂。

③ 花两性，辐射对称，常排成总状花序。

④ 角果。

（2）类群　约300余属、3200余种，广布于世界各地，以北温带为多。我国有95属、425种、124变种、9变型。

（3）常见种类

① 蔬菜　茎用芥菜、球茎甘蓝、花椰菜、大白菜、结球甘蓝、萝卜、芜菁甘蓝、荠菜、叶用芥菜、榨菜及卷心菜等。

② 药用植物　大青叶、菘蓝、靛青及萝卜（种子称为莱菔子，根称为地枯楼，均入

药）等。

③ 观赏植物　羽衣甘蓝、紫罗兰、香雪球及桂竹香等。

④ 田间杂草　弯曲碎米荠、荠、播娘蒿、花旗竿及行菜等。

⑤ 油料作物　油菜、萝卜等的种子油，可作工业用油。

8. 蔷薇科（Rosaceae）

（1）主要特征

① 草本或木本，有刺或无刺。

② 单叶或复叶，多互生；通常有托叶。

③ 花两性，整齐，单生或排成伞房、圆锥花序。

④ 蓇葖果、瘦果、核果，或梨果。

⑤ 种子一般无胚乳，子叶出土。

（2）类群　约124属、3300余种。广布于世界各地，尤以北温带较多，包括许多著名的花木和果树，是园艺上特别重要的一科。我国有4亚科、约55属、1000余种。

（3）常见种类

① 果树　白梨、苹果、山楂、枇杷、桃、李、杏、梅、樱桃、木瓜及草莓等。

② 观赏植物　绣线菊、白腊梅、藤本蔷薇、木香、樱花、贴梗海棠、垂丝海棠、月季、黄刺梅、玫瑰、梅花、榆叶梅、珍珠梅、桃花、棣棠、木瓜及玫瑰等。

③ 林木植物　枇杷、茅莓悬钩子等。

④ 药用植物　枇杷、木瓜、金樱子、仙鹤草、蛇莓、山楂、梨及石楠等。

9. 豆科（Leguminosae）

（1）主要特征

① 草本、灌木或乔木，直立或藤本。

② 叶多为羽状复叶或3出复叶，常互生，具托叶，叶柄基部常有叶枕。

③ 花两性，萼片和花瓣均为5；花冠多为蝶形，少数为假蝶形或辐射对称。

④ 荚果。

（2）类群　约650属、18000种，广布于全世界。我国有3亚科、172属、1485种和3亚种、153变种、16变型，全国各地均有分布。

（3）常见种类

① 林木植物　合欢、相思树、含羞草、国槐、紫穗槐、刺槐、龙爪槐、柠条、毛条及胡枝子等。

② 观赏植物　合欢、含羞草、紫荆、槐树及云实等。

③ 大田作物　大豆、兵豆、紫藤、绿豆、扁豆、鹰嘴豆、小豆、豇豆、豆革、薯、蚕豆、花生、草木樨、田菁、菜豆、红豆、刀豆、豌豆、紫云英及沙打旺等。

④ 常见杂草　紫苜蓿、白车轴草、野大豆及鸡眼草等。

⑤ 药用植物　含羞草、鸡眼草、葛藤、甘草及苦参等。

10. 大戟科（Euphorbiaceae）

（1）主要特征

① 乔木、灌木或草本，多数含乳汁。

② 单叶，稀三小叶复叶，常互生，有托叶。

③ 花单性，通常小而整齐，成聚伞、伞房、总状或圆锥花序。

④ 蒴果，少数为浆果或核果。

⑤ 种子具胚乳。

（2）类群　约 300 属、5000 余种，广布于世界各地。我国有 70 余属、460 种，主产于长江流域以南各省区。

（3）常见种类

① 大田作物　蓖麻、木薯等。

② 观赏植物　猩猩草、虎刺梅、一品红及变叶木等。

③ 林木植物　油桐、橡胶树、重阳林及石粟等。

④ 田间杂草　铁苋菜。

11. 葡萄科（Vitaceae）

（1）主要特征

① 藤本，常具与叶对生之卷须，稀直立灌木或小乔木。

② 单叶或复叶，互生；有托叶。

③ 花小，两性或杂性；成聚伞、伞房或圆锥花序，常与叶对生；花萼 4～5 浅裂；雄蕊与花瓣同数并对生。

④ 浆果。

（2）类群　16 属、700 余种，分布于热带至温带。我国有 9 属、150 种，南北均分布。

（3）常见种类

① 果树　葡萄。

② 观赏植物　山葡萄、三叶地锦、五叶地锦及爬山虎等。

③ 田间杂草　乌蔹莓。

12. 芸香科（Rutaceae）

（1）主要特征

① 乔木、灌木或木质藤本，稀草本，具芳香的挥发油。

② 叶互生，稀对生。复叶、单叶或单生复叶，常有透明油点，无托叶。

③ 花两性，稀单生，整齐，稀不整齐。聚伞或伞房圆锥花序、总状花序、穗状花序或单花腋生。

④ 蓇葖果、核果、蒴果、浆果、柑果或翅果。

⑤ 种子有或无胚乳。

（2）类群　约 150 属、1600 余种。我国有 28 属（包括引进栽培的属）、约 150 种。

（3）常见种类

① 林木植物　花椒等。

② 药用植物　花椒、佛手、枳壳、吴茱萸、黄檗及九里香等。

③ 观赏植物　佛手、黄檗、代代花、金柑及九里香等。

④ 大田作物　代代花等。

⑤ 果树　柑橘、橙、柚、柠檬及黄皮等。

13. 伞形科（Umbelliferae）

（1）主要特征

① 草本，茎常中空。

② 叶互生，大部分为复叶；叶柄基部扩展成鞘状，抱茎。

③ 伞形或复伞形花序，常有总苞；花小，两性，萼微小或缺，花瓣5片。

④ 双悬果，果实有肋或翅。

（2）类群　约200余属、2500余种，多产于北温带。我国99属、约536种。

（3）常见种类

① 蔬菜　芹菜、茴香、胡萝卜、香菜及芜菁甘蓝等。

② 药用植物　川芎、党参、当归、白芷、柴胡及防风等。

③ 田间杂草　野胡萝卜、水芹、窃衣等。

14. 茄科（Solanaceae）

（1）主要特征

① 草本、灌木或小乔木，直立、匍匐、扶生或攀援状，有时有皮刺，稀具棘刺。

② 单叶全缘，不分裂或分裂，或羽状复叶，互生或一大一小成双生，无托叶。

③ 花单生或为蝎尾状式、伞房式、伞形式、总状式、圆锥式聚伞花序；花两性。

④ 果为浆果或蒴果。

⑤ 种子圆盘形或肾形，胚乳丰富，胚直或变曲成钩状、环状或螺旋状。

（2）类群　约80属、3000种，分布于全世界温带至热带地区。我国有24属、105种、35变种。

（3）常见种类

① 蔬菜　马铃薯、茄子、番茄及辣椒等。

② 药用植物　枸杞、酸浆、曼陀罗、天仙子及颠茄等。

③ 观赏植物　鸳鸯茉莉、矮牵牛、冬珊瑚、珊瑚樱及夜来香等。

④ 大田作物　马铃薯、烟草等。

15. 菊科（Compositae）

（1）主要特征

① 草本、半灌木或灌木，稀乔木。有乳汁管或树脂道。

② 叶互生，稀对生或轮生，全缘或有齿或分裂，无托叶，或有时叶柄基部扩大成托叶状。

③ 花两性或单性，极少有单性异株，头状花序单生或数个至多数排列成总状、聚伞状、伞房状或圆锥状；花冠辐射对称，筒状，或两侧对称。

④ 果为不裂的瘦果。

⑤ 种子无胚乳，有2子叶，稀1个子叶。

（2）类群　约有1000属、25000～30000种，广布于全世界，热带较少。我国有2亚科、约200属、2000余种。

（3）常见种类

① 蔬菜　莴苣、茼蒿、牛蒡、紫背天葵、苦苣、菊花脑、蕉藕、芋及魔芋等。

② 大田作物　向日葵、菊芋、红花等。

③ 观赏植物　除虫菊、菊花、蓬蒿菊、荷兰菊、大丽花、松果菊、泽兰、雏菊、金盏菊、翠菊、矢车菊、波斯菊、万寿菊、百日草及瓜叶菊等。

④ 药用植物　除虫菊、款冬花、红花、甜叶菊、艾纳香、紫菀、白术、马兰、野菊花及大蓟等。

⑤ 田间杂草　马兰、艾蒿、黄花蒿、小白酒草、苣荬菜、苍耳等。

16. 藜科（Chenopodiaceae）

（1）主要特征

① 草本，稀灌木。

② 单叶互生，无托叶。

③ 花小，淡绿色，两性或单性；萼片 2～5 裂，宿存或没有，无花瓣；雄蕊常与花瓣同数且对生；上位子房，胚珠 1。

④ 胞果或瘦果，胚常为环形，具外胚乳。

（2）类群　约 100 余属、1400 余种。我国有 39 属、约 186 种。

（3）常见种类

① 蔬菜　菠菜、甜菜、牛皮菜等。

② 观赏植物　地肤。

③ 田间杂草　小藜、藜、灰绿藜等。

④ 药用植物　土荆芥、地肤等。

17. 苋科（Amaranthaceae）

（1）主要特征

① 草本，少数木本。

② 单叶互生或对生，无托叶。

③ 花小，两性或单性，辐射对称，常密集簇生；穗状、圆锥花序或头状花序；萼片 3～5 枚，干膜质。

④ 胞果。

⑤ 种子富有胚乳于环形胚。

（2）类群　约 60 属、850 种，广布于热带和温带。我国有 13 属、约 40 种，遍布南北。

（3）常见种类

① 蔬菜　苋菜、繁穗苋、尾穗苋等。

② 药用植物　牛膝、土牛膝、青葙等。

③ 观赏植物　鸡冠花、千日红、雁来红、锦绣苋等。

④ 田间杂草　反枝苋、青葙、刺苋、空心莲子草（水花生）及凹头苋等。

18. 无患子科（Sapindaceae）

（1）主要特征

① 乔木或灌木，稀为革质藤本。

② 叶常互生，羽状复叶，稀掌状复叶或单叶；多不具托叶。

③ 花单性或杂性，成圆锥、总状或伞房状花序；萼 4～5 裂；花瓣 4～5，有时无。

④ 蒴果、核果、浆果、坚果或翅果。

（2）类群　约 150 属、2000 种，产于热带、亚热带，少数温带。我国 22 属、38 种，主要分布于长江以南。

（3）常见种类

① 果树　龙眼、荔枝等。

② 林木植物　栾树、文冠果等。

③ 药用植物　无患子、龙眼、荔枝及车桑子等。

19. 旋花科（Convolvulaceae）

（1）主要特征

① 通常蔓生草本，稀为灌木或乔木。

② 叶互生，单叶，偶复叶；无托叶。

③ 花常两性，单生叶腋或成聚伞花序，花冠多数漏斗状、钟状。

④ 种子胚乳小，肉质至软骨质。

（2）类群　约 56 属、1800 余种。我国有 22 属、约 125 种。

（3）常见种类

① 大田作物　番薯。

② 蔬菜作物　空心菜（雍菜）。

③ 观赏植物　大花牵牛、日本打碗花、茑萝（锦屏封）。

④ 田间杂草　中国菟丝子、田旋花、裂叶牵牛及打碗花。

20. 仙人掌科（Cactaceae）

（1）主要特征

① 多肉多浆植物。

② 叶退化为针，茎肥厚，有的老茎基部木质化，具刺或绒毛。

③ 成株开花，花形小巧玲珑，花色娇美有光泽，因此可供盆栽观赏。

（2）类群　108 属、近 2000 种。我国引种栽培 60 余属、600 余种。

（3）常见种类　观赏植物，如昙花、令箭荷花、蟹爪兰及仙人掌等。

21. 楝科（Meliaceae）

（1）主要特征

① 乔木或灌木，稀为草本，坚硬而常具香味的木材。

② 羽状复叶，稀 3 出复叶或单叶，互生，叶内无透明腺点；无托叶。

③ 花通常两性，圆锥或聚伞花序；花萼小，4～5（3～7）裂；花瓣与萼裂片同数，分离或基部联合。

④ 浆果、蒴果、稀核果，常具一大型具棱的中轴。

⑤ 种子有时有翅。

（2）类群　约 50 属、1400 种，产于热带、亚热带。我国 15 属、62 种，主产于长江流域以南。

（3）常见种类

① 蔬菜　香椿。

② 林木植物　香椿、楝树。

③ 观赏植物　香椿。

22. 景天科（Crassulaceae）

（1）主要特征

① 通常为多年多肉草本植物。

② 叶对生或轮生扁平，多卵圆形，边缘多有波状齿。

③ 花顶生，高出花冠，花色鲜艳有粉红、黄、橙等颜色。

④ 骨葖果，子房 5 室。

（2）类群　约 34 属、1500 余种。我国有 10 属、约 243 种。

（3）常见种类　观赏植物，如垂盆草、景天、石莲花、八宝掌、长寿花、落地生根及瓦松等。

23. 忍冬科（Caprifoliaceae）

（1）主要特征

① 灌木，稀为小乔木或草本。

② 单叶，很少羽状复叶，对生；通常无托叶。

③ 花两性，聚伞花序或再组成各式花序，也有数朵簇生或单花。

④ 浆果、核果或蒴果。

（2）类群　13属、约500余种，主要分布于北半球温带地区，尤以亚洲东部和美洲东北部为多。我国有12属、200余种，广布南方各省区。很多种类供观赏用，有些可入药。

（3）常见种类

① 观赏植物　金银花、大绣球、海仙花、锦带及接骨木等。

② 药用植物　金银花。

（二）单子叶植物纲（Monocoty ledoneae）

单子叶植物纲又称百合纲，胚内仅含一片子叶；主根不发达，多为须根系；茎内维管束散生，无形成层；叶常具平行脉或弧形脉；花各部分常3基数，极少4基数。根据克朗奎斯特系统分为5个亚纲、19目、65科、5000余种。

24. 禾本科（Gramineae）

（1）主要特征

① 一年生、越年生或多年生草本。

② 叶互生，两行排列。叶鞘与叶片间常有呈膜质或纤毛状的叶舌。叶片基部两侧有时还有叶耳。

③ 花小型，退化，生于外稃（即苞片）即内稃（即小苞片）之间。

④ 果实为颖果。

⑤ 种子有大量胚乳及小型的胚。

（2）类群　约700余属、10000种以上，分布于全球各地。我国有200余属、1500种以上。

（3）常见种类

① 蔬菜　茭白。

② 大田作物　水稻、玉米、小麦、高粱、黍、粟、黑麦、燕麦、大麦及稗等。

③ 用材树种　毛竹、刚竹及麻竹等。

④ 药用植物　薏苡仁（颖果供食用和药用）、金丝草等。

⑤ 观赏植物　毛竹、淡竹、罗汉竹及佛肚竹等。

⑥ 草坪植物　野牛草、牧场早熟禾、狗牙根及结缕草等。

⑦ 其他用途　甘蔗（糖料作物）等。

25. 薯蓣科（Dioscoreaceae）

（1）主要特征

① 草质缠绕植物，有块状或根状的地下茎。

② 叶互生或中部以上为对生，单叶或为掌状复叶。全缘或分裂，基出掌状脉，并具网脉。

③ 花单性，雌雄异株，辐射对称，排成总状、穗状或圆锥花序。

④ 蒴果有翅或浆果。

⑤ 种子具有翅。

（2）类群　约9属、650种，我国仅1属、约49种。

（3）常见种类

① 蔬菜　山药。

② 药用植物　穿山龙、红孩儿、黄独。

26. 百合科（Liliaceae）

（1）主要特征

① 本科通常为多年生草本，具鳞茎或根状茎，少数种类为灌木或有卷须的半灌木。

② 叶基生或茎生，茎生叶通常互生，少有对生或轮生。

③ 花序各式各种；花两性，少有单性。

④ 蒴果或浆果。

（2）类群　约230属、3500种，广布于世界各地，温暖地带和热带地区尤多。我国有60属、约560种。

（3）常见种类

① 观赏植物　芦荟、文竹、吊兰、朱蕉、小百合、大百合、川百合、百合、天香百合、美丽百合、白花百合、铃兰、萱草、风信子、万年青及天门冬等。

② 蔬菜植物　金针菜、葱、洋葱、韭菜、蒜及石刁柏（芦笋）等。

③ 药用植物　蒜、石刁柏、天门冬、麦冬、芦荟及浙贝母等。

27. 天南星科（Araceae）

（1）主要特征

① 多年生草本，具根茎或块茎，常具乳状汁液，或少为木质攀援藤本。

② 叶多为基生，单叶或复叶，或为盾状。

③ 花序为肉穗花序，有叶状苞；花小，常有恶臭，辐射对称；两性或单性。

④ 果实为浆果。

（2）类群　115属、2000余种，广布于全世界，主要分布于热带和亚热带地区。我国有35属、206种，南北均有分布。

（3）常见种类

① 粮食作物　芋（芋头）。

② 观赏植物　海芋、龟背竹、麒麟尾、花叶芋、石菖蒲及马蹄莲等。

③ 药用植物　魔芋、半夏。

④ 饲料植物　水浮莲。

28. 棕榈科（Palmae）

（1）主要特征

① 常绿乔木或灌木，茎单生或丛生，直立或攀援，实心。

② 叶常聚生茎端，攀援种类则散生枝上，常羽状或掌状分裂，大型；叶柄基部常扩大成具纤维的叶鞘。

③ 花小，多辐射对称，两性或单性，雌雄同株或异株，有时杂性，组成圆锥状肉穗花序或肉穗花序。

④ 浆果、核果、坚果。

（2）类群　约 210 属、2800 余种，分布于热带、亚热带地区，热带美洲及亚洲是本科的分布中心。我国有 28 属、100 余种。

（3）常见种类

① 绿化观赏植物　棕竹、蒲葵、棕榈及假槟榔等。

② 药用植物　蒲葵、棕竹、省藤及白藤等。

③ 纤维植物　蒲葵、棕榈。

29．莎草科（Cyperaceae）

（1）主要特征

① 多年生草本，较少一年生。

② 根簇生，纤维状。秆单生或丛生，坚实，少数中空，一棱柱形或圆柱形，较少四或五棱状或扁。

③ 叶通常排列成 3 列，基生或秆生，叶片条形，基部具闭合的叶鞘或叶片退化而仅具叶鞘。

④ 花甚小，单生于鳞片腋间，两性或单性，雌雄同株。

⑤ 果实为小坚果，有三棱、双凸状、平凸状或圆球状。

（2）类群　约 80 属、4000 余种，广布于全世界。我国有 28 属、500 余种。

（3）常见种类

① 食用植物　荸荠（球茎供生食、熟食或做菜用）。

② 药用植物　香附子、水蜈蚣等。

③ 田间和路边杂草　白颖苔草、碎米莎草、白鳞莎草、异型莎草、萤蔺、水葱、牛毛毡、针蔺、水莎草、旱伞草、香附子及野荸荠等。

30．鸢尾科（Iridaceae）

（1）主要特征

① 多年生草本，少为灌木状，具根状茎、球茎或鳞茎。

② 茎数条，由根状茎或球茎抽出或单生。

③ 叶常茎生，2 列，通常狭条形，基部有套折的叶鞘。

④ 花两性，由鞘状苞片内抽出，常常大而鲜艳，有美丽的斑点，辐射对称或两侧对称。

⑤ 蒴果 3 室，室背开裂。

⑥ 种子多数，种皮薄或革质，具胚乳。

（2）类群　约 60 属、800 种，广布于温带和热带地区，主要分布于非洲东部和美洲热带地区。我国有 11 属、71 种和 13 变种，主要产于北部、西部及西南部。有的种类供药用，或为香料、油料及纤维植物。

（3）常见种类

① 观赏植物　鸢尾类、小苍兰等。

② 药用植物　射干、番红花等。

（张小玲　编）

综合实训二　常见种子植物物候期的观察

【实训目标】

通过对 1～2 种物种一个生长周期物候期的观测，了解植物的生长发育规律，进一步掌握植物在不同生长、发育时期的形态特征。

【实训内容】

1. 重要农作物的物候期观测。

2. 常见灌木物候期观测。

【考核指标】

1. 方案设计与准备（占总成绩的 20%）

设计的实验实训方案是否完整、正确，实验准备是否充分。

2. 基本技能＋现场观测（占总成绩的 50%）

观测目标选择是否有代表性，观测方法是否正确，对所观测的植物物候期的特征描述是否规范。

3. 实训报告（占总成绩的 30%）

根据实训目标要求，学生独立设计实验方案，并按方案实施，通过对 1～2 种植物物候期的观测，总结所观测物种的生长发育特点和规律。重点考核学生独立开展实验和实验总结报告的能力。根据实训报告进行评价。

［参考方案］　农作物物候期的观察

一、实训项目

重要农作物的物候期的观测。

二、实训目标

通过对 1～2 种农作物一个生长周期物候期的观测，了解该农作物的生长发育规律。

三、实训材料与仪器设备

（1）待观测的农作物。

（2）记载、测量工具。

四、技术路线

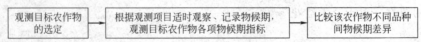

```
┌─────────────┐    ┌──────────────────────────┐    ┌──────────────────┐
│ 观测目标农作物 │ →  │ 根据观测项目适时观察、记录物候期， │ →  │ 比较该农作物不同品种 │
│   的选定    │    │ 观测目标农作物各项物候期指标   │    │  间物候期差异    │
└─────────────┘    └──────────────────────────┘    └──────────────────┘
```

五、方法步骤

1. 选择观测田块和作物。

2. 作物发育期的观测。

3. 作物产量的测定。

4. 田间工作的记载。

六、观测与收集的数据和方法

1. 农作物物候观测田间记录（表Ⅱ-2-1）。

2. 作物产量的测定与记载。

在收获前进行理论产量测算，然后进行实际产量测定。实际产量测出后，要和理论产量对比，如果两者差距较大，应分析原因。

3. 田间工作记载主要包括整地、播种、施肥、中耕松土、灌溉、防治病虫、收获等。

表Ⅱ-2-1　农作物物候观测田间记录表

作物名称_____ 品种_____ _____年

观测日期（月、日）	发育期	各小区进入发育期的株（茎）数					观测的总株（茎）数（N）	进入发育期的百分率（P）
		Ⅰ	Ⅱ	Ⅲ	Ⅳ	合计(n)		

田块名称_____ 观测组别_____ 观测者_____

［相关资料］　植物物候观测在农业生产中的应用

物候观测主要是指对自然界的植物［包括农作物、动物和环境条件（气候、水文、土壤等）］的周期性变化进行的观察和测量活动。目的在于认识自然季节现象变化的规律，服务于人类社会的生产和生活。

一、观测对象

一般选择的观测对象为：

① 常见的、分布较广的动、植物。

② 本气候带内特有的动植物。

③ 指示性强、特别是每隔几天就有明显物候现象出现的动植物。

④ 所处地形、植被和条件等生态环境有代表性的观测对象。

⑤ 有古代观测资料或众多国家都有过观测资料的物候现象。

二、农作物物候观测

农作物的物候观测是物候学的重要内容。在培育新品种、引种栽培试验，以及作物生长发育的气象条件鉴定等工作中，都需要进行农作物的物候观测。

1. 选择观测田块和作物

观测田块要选择地形、土壤性质和肥力等方面具有代表性的耕地。田块大小以 $0.06\sim0.13hm^2$ 为宜，过大管理困难，过小缺乏代表性。如果观测田块在校园内，要注意尽量减少人为或建筑物的影响。

观测的作物要选择当地普遍种植或准备推广的良种。品种确定后不能轻易改变，每年播种期也要大体一致。如果更换品种，应与原观测品种作对比观测一年，以保证资料的连续性，有利于比较、分析和研究。

2. 作物发育期的观测

几种主要作物需要观测的发育期参见表Ⅱ-2-2。各发育期的形态特征有关农业技术书籍中都有介绍，可以查阅参考。

(1) 作物发育期的统计判定 在观测田块中均匀划分 4 个观测小区，依次编号作为观测点；依作物种类不同，在各小区采取定点定株或定点不定株两种方式进行观测，统计进入各发育期的株（茎）数。

条播密植作物在每个小区选长 1～2m、宽 2～3 行，进行观测，植株不固定，每点连续观测 25 株（茎），共 100 株（茎）。

稀植作物如棉花、玉米，定苗前每小区连续观测 10 株；定苗后，每小区连续固定 10 株观测，总计 40 株。

穴播作物和水稻本田，每个小区连续固定 5 穴（丛）观测。水稻秧田，在播种后每个小区选 0.01m² 或 0.25m² 的面积进行观测。撒播作物，每个小区选定 1m² 面积，连续观测 25 株（茎），总计 100 株（茎）。每次观测随看随记，将田间记录填入记录表（表Ⅱ-2-2）。

表Ⅱ-2-2 几种主要作物需要观测的发育期

作物	发育期
水稻	播种、出苗 *、三叶、移栽、返青 *、分蘖、拔节、孕穗、抽穗、乳熟 *、成熟 *
小麦	播种、出苗 *、三叶、分蘖、越冬开始 *、返青 *、起身 *、拔节、孕穗、抽穗、开花、乳熟 *、成熟 *
玉米	播种、出苗 *、三叶、七叶、拔节、抽雄、开花、吐丝、乳熟 *、成熟 *
棉花	播种、出苗 *、三真叶、五真叶、现蕾、开花、裂铃、吐絮、停止生长
大豆	播种、出苗 *、三真叶、分枝、开花、结荚、鼓粒、成熟 *
油菜	播种、出苗 *、五真叶、移栽、成活 *、现蕾、抽薹、开花、绿熟 *、成熟 *

当 $P \geqslant 10\%$ 时为始期；$P \geqslant 50\%$ 时为普遍期；$P \geqslant 80\%$ 时为末期。有些作物的某发育期（表Ⅱ-2-2 中带 * 的）不需进行百分率的统计，可根据目测加以判定，予以记录，其各发育期的记载标准请参考《农业气象观测规范》或相关资料。

(2) 观测时间 以不漏测或迟测各发育期为原则，旬末必须巡视观测。预计作物将进入某发育期或两个发育期相隔很近时，应每天观测一次。观测时间一般在下午，有些作物开花时例外。

3. 作物产量的测定

在收获前进行理论产量测算，然后进行实际产量测定。

(1) 理论产量的测算 收获前在田间取样，水稻和小麦在每个观测小区各取样 50 株（共 200 株），连根拔起，洗净晒干，然后计算每株结实茎数和未结实茎数、每穗长度、每穗籽粒数、每穗籽粒重、千粒重、空瘪粒；再依据田间测定的每平方米株数，求出单位面积（公顷、亩）的理论产量。棉花取样自吐絮始期开始，在 4 个观测小区各选定 10 株，共 40 株，单独收花，风干保存，然后计算每株结铃数、每株籽棉重、百铃重、僵烂铃率、单位面积籽棉重、衣分，最后求出每公顷（或亩）的理论产量。其他作物可参照上述方法计算理论产量。

(2) 实际产量的测定 对观测田块要做到单收、单打、单晒、单称，获得实际产量并折成单产。实际产量测出后，要和理论产量对比，如果两者差距较大，应分析原因。

4. 田间工作的记载

主要包括以下内容：整地，包括整地的日期、次数和方法；播种，包括种子处理、播种日期、方式和播种量；管理，包括施肥的次数、种类、数量、日期，以及中耕松土、灌溉、防治病虫的日期和方法；收获，包括收获日期和方式等。

参 考 文 献

[1] 王衍安. 植物与植物生理实训. 北京：高等教育出版社，2004. 204-207.

[2] 国家气象局. 农业气象观测规范. 北京：气象出版社，1993.

[3] 夏小曼等. 水稻物候观测中易出现的错情及解决方法. 贵州气象，2010，34（1）：21-23.

（罗天宽　编）

综合实训三　植物的溶液培养和缺素症的观察

【实训目标】

1. 学习溶液培养方法。
2. 证实氮、磷、钾、镁、钙、铁等元素对植物生长发育的重要性。
3. 缺素症状的观察与辨别。

【实训内容】

1. 大田农作物或常见蔬菜完全营养液和缺素营养液的配制。
2. 大田农作物或常见蔬菜营养失调症的观察、记录和管理。
3. 根据缺素症测定相关的生理指标 1~2 个。

【考核指标】

1. 方案设计与准备（占总成绩的 20%）

设计方案的思路是否清晰、方法是否正确，试材和实验准备是否充分。

2. 基本操作（占总成绩的 50%）

考核学生配制完全营养液和缺素营养液的操作、相关生理指标测定的操作是否认真、严谨；缺素症的表现是否显著，分析不显著的原因和改进措施；管理记载是否完整、详细。

3. 缺素症的识别（占总成绩的 10%）

在实训过程中或结束时进行考核。要求学生对实训中设计的缺素症准确识别判断，并能分析原因，提出防治措施。

4. 实训报告（占总成绩的 20%）

通过对实验数据的收集和整理，查阅参考文献，撰写实训报告（或研究论文）。根据报告的质量和是否实事求是地综合分析问题等判定成绩。

［参考方案］　农作物溶液培养和缺素症的观察

一、实训项目

玉米溶液培养和缺乏必需元素时的症状。

二、实训目标

1. 通过溶液培养法，巩固和掌握植物必需元素的生理作用与缺素症。

2. 学习掌握玉米营养缺失症的诊断方法，并能根据相关的生理指标测定进行验证，为科学合理地诊断和防治大田玉米缺素症提供理论和技术基础。

三、实训材料与仪器设备

（1）材料　玉米幼苗。

（2）设备　培养瓶（可用约 500mL 的广口瓶、烧杯、罐头瓶等）、试剂瓶、刻度吸管、量筒、黑色蜡光纸、pH 试纸、分光光度计。

（3）试剂　无离子水、KNO_3、$MgSO_4 \cdot 7H_2O$、KH_2PO_4、K_2SO_4、$CaCl_2$、NaH_2PO_4、$Ca(NO_3)_2 \cdot 4H_2O$、$NaNO_3$、Na_2SO_4、$EDTA-Na_2$、$FeSO_4 \cdot 7H_2O$、H_3BO_4、$MnCl_2 \cdot 4H_2O$、$CuSO_4 \cdot 5H_2O$、$ZnSO_4 \cdot 7H_2O$、$H_2MoO_4 \cdot H_2O$，所有试剂均用分析纯。

四、技术路线

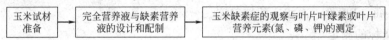

五、方法步骤

1. 溶液配制

（1）大量元素储备液配制如表 Ⅱ-3-1，配好后用试剂瓶分装，贴好标签。

表 Ⅱ-3-1　大量元素储备液配制

营养盐		浓度/(g/L)	营养盐	浓度/(g/L)
$Ca(NO_3)_2 \cdot 4H_2O$		236	KH_2PO_4	27
KNO_3		102	K_2SO_4	88
$MgSO_4 \cdot 7H_2O$		98	$CaCl_2$	111
NaH_2PO_4		24	$NaNO_3$	170
EDTA-Fe	EDTA-Na	7.45	Na_2SO_4	21
	$FeSO_4 \cdot 7H_2O$	5.57		

（2）微量元素储备液配制如表 Ⅱ-3-2，分别溶解后，混合在一起，定容到 1000mL，贴好标签。

表 Ⅱ-3-2　微量元素储备液配制

营养盐	浓度/(g/L)	营养盐	浓度/(g/L)
H_3BO_4	2.68	$ZnSO_4 \cdot 7H_2O$	0.22
$MnCl_2 \cdot 4H_2O$	1.81	$H_2MoO_4 \cdot H_2O$	0.09
$CuSO_4 \cdot 5H_2O$	0.08		

（3）培养液配制见表 Ⅱ-3-3。

表 Ⅱ-3-3　培养液配制

处理 储备液	每 100mL 培养液中储备液的用量/mL						
	完全	缺 N	缺 P	缺 K	缺 Ca	缺 Mg	缺 Fe
$Ca(NO_3)_2 \cdot 4H_2O$	0.5	0	0.5	0.5	0	0.5	0.5
KNO_3	0.5	0	0.5	0	0.5	0.5	0.5
$MgSO_4 \cdot 7H_2O$	0.5	0.5	0.5	0.5	0.5	0	0.5
KH_2PO_4	0.5	0.5	0	0	0.5	0.5	0.5
K_2SO_4	0	0.5	0.1	0	0	0	0
$CaCl_2$	0	0.5	0	0	0	0	0
NaH_2PO_4	0	0	0	0.5	0	0	0
$NaNO_3$	0	0	0	0.5	0.5	0	0
Na_2SO_4	0	0	0	0	0	0.5	0
EDTA-Fe	0.5	0.5	0.5	0.5	0.5	0.5	0
微量元素	0.1	0.1	0.1	0.1	0.1	0.1	0.1

2. 将培养瓶用黑色蜡光纸包好，装入培养液的试剂，写好标签。

3. 用泡沫塑料作培养瓶塞，在其上用打孔器打 2 个小孔，将玉米小苗通过其中的一小孔固定在盖上，盖上瓶盖，另一小孔作通气用。培养液的多少以淹没根系的 3/4 为宜。

4. 每两天观察一次，用 pH 试纸测定培养液 pH 值，保持 pH 值为 5～6。若蒸发过多，应补充水分。每 7d 更换一次相应的培养液。

5. 生理指标的测定

（1）叶片叶绿素测定　取缺氮、缺镁的玉米植株下部老叶测定，并与完全营养液的玉米下部老叶进行比较。具体测定方法参见第一篇第三章相关实训内容。

（2）叶片氮、磷、钾营养的快速测定　分别取缺氮、缺磷和缺钾的玉米植株下部老叶测定，并与完全营养液的玉米下部老叶进行比较。具体测定方法参见第一篇第九章相关实训内容。

六、观测与收集的数据和方法

1. 观察植株生长状况（株高、叶片数、叶片颜色、茎秆颜色、根数、根长），准确描述缺素症状。

2. 记录出现缺素症的日期、部位并解释原因。

3. 分析相关生理指标进行比较。

［相关资料］　溶液培养及基质培养技术

一、原理

溶液培养和基质培养技术原为植物矿质营养研究的经典实验技术，现已发展成为不依赖于土壤培养植物的无土栽培技术。它们主要通过含有植物必需元素的生理平衡溶液为植物生长发育提供无机营养。溶液培养是指将植物直接种植在营养液中或悬置于营养液雾中培养。基质培养则是以惰性介质作为固定植物的基质，并通过滴加营养液为植物提供养分；常用的基质主要有石英砂、玻璃球、蛭石、珍珠岩等无机基质，现阶段生产中已开始采用有机基质。

二、溶液培养及基质栽培的形式及优缺点

用于研究领域的无土栽培技术，其装置常常很简单，可用花卉栽培所用的容器盛装溶液或基质进行植物栽培，而生产实践中的无土栽培设施相对较复杂，栽培方式也更多样化。

1. 无土栽培的类型

按照使用基质与否，无土栽培分为无基质栽培与基质栽培两大类，各类又包括多种方式。

无基质栽培 ｛溶液培养（水培）：营养液膜技术（NFT）、深液流技术（DFT）、浮板毛管水培法（FCH）等
雾培法（气培法）

基质栽培 ｛无机基质栽培：岩棉、蛭石、珍珠岩、砂等基质
有机基质栽培：草炭、椰壳、锯末、谷壳、刨花等基质

2. 无土栽培的优缺点

（1）基质栽培　基质栽培的优点在于不必另加通气设备，不必经常补充铁盐；可提高植物对一些重金属盐的忍耐能力。缺点是根系不同部位的营养液浓度和 pH 值会呈现差异；根

系生长环境中的营养成分不易控制；培养的基质难以净化；营养液更换麻烦，且易导致营养液的浪费。

（2）溶液培养　溶液培养技术的优点是养分的形态、种类、浓度、供给时间均可人工控制；根系周围的养分分布均匀。缺点是溶液中的空气不充足，需充气或定时更换营养液；营养液缓冲性小，pH值易变化；传染病菌迅速。

三、营养液的配制

营养液的配制是无土栽培的基础和关键。进行无土栽培作物时，要在选定配方的基础上正确地配制营养液，避免产生沉淀的盐类，保证营养液中的各种营养元素有效地供给作物生长，以取得栽培作物的高产优质。不正确的配制方法，一方面可能会使某些营养元素失效；另一方面可能会影响营养液中元素的平衡，严重时会伤害作物根系，甚至造成作物死亡。因此，掌握正确的营养液配制方法，是无土栽培作物最基本的要求。

1. 营养液的配制原则和要求

（1）营养液的配制原则

① 确保在配制和使用营养液时不会产生难溶性化合物的沉淀，如可能产生沉淀的钙离子、亚铁离子、镁离子等阳离子和硫酸根离子、磷酸二氢根离子等阴离子。

② 充分了解营养液配制中各种化合物的性质及相互之间产生的化学反应过程，在配制过程中运用难溶性物质溶度积法则，确保不会产生沉淀。

③ 选用均衡的营养液配方。

（2）营养液配制的要求

① 无土栽培不同于土壤栽培，不存在氮素的硝化过程，因此使用的氮肥应以硝态氮为主，铵态氮因易使作物徒长，组织细嫩，用量不应超过总氮量的 25%。

② 含氯肥料因含氯的成分对作物生长不利，因此应控制使用量。

③ 配制营养时应注意水质，过硬的水不宜使用，或需经处理以后使用。

④ 有机质肥或有机发酵物不宜作为配制营养液的肥源，因有机肥不易计算有效成分用量，同时其不易直接被作物吸收利用，而且可能对作物造成损伤。

2. 营养液的配制技术

（1）水的选用　水是营养液中养分的介质，水质的好坏直接关系到所配制营养液的浓度、稳定性和使用效果，在生产中应选用符合饮用水标准的雨水、井水和自来水，配制营养液所用水的水质量应达到所需硬度（指水中含有的钙、镁盐的浓度高低，以每升水中的 CaO 重量表示，1 度＝10mg CaO/L），一般以不超过 10 度为宜；酸碱度（pH）应在 6.5～8.5 之间；使用前水中的溶解氧应接近饱和；氯化钠含量应小于 2mmol/L；自来水中氯含量应低于 0.3mg/L，一般自来水放入栽培槽后应放置半天，使其中余氯散逸；重金属及有害健康的元素应低于容许限量。

（2）原料的选用　作为营养液中营养元素的原料，若进行比较精确的无土栽培试验，应选用化学纯或分析纯的试剂，以便得到比较可靠的数据，在大规模生产时，大量元素多使用化学肥料或工业原料。其纯度较低，需要进行计算，将化学试剂按纯品称量即可。营养液的元素化合物很多都是吸湿性很强的，需干燥储藏。若因储藏不善而导致吸湿显著，必须测定其水分含量，以其中干物量来计算用料。

（3）营养液的配制方法　无土栽培在实际生产应用上，营养液的配制方法有两种：一种是先配制浓缩营养液（或称母液）然后用浓缩营养液配制成工作营养液；另一种是直接称取营养元素化合物直接配制成工作母液。可根据实际需要来选择一种配制方法，但不论选择哪种配制方法，都要在配制过程中以不产生难溶性沉淀物质为总的指导原则来进行。

① 浓缩营养液（母液）的稀释法 首先把相互之间不会产生沉淀的化合物分别配制成浓缩营养液，然后根据浓缩营养液的浓度倍数稀释成工作营养液。

a. 浓缩营养液的配制方法 在配制母液时要根据配方中各种化合物的用量及其溶解度来确定其浓缩倍数。浓缩倍数不能太高，否则可能因化合物过饱和而析出，而且在浓缩倍数太高时，溶解较慢，操作不方便，一般以方便操作的整数倍来浓缩，大量元素一般可配制成浓缩 100、200、250 或 500 倍液，而微量元素由于其用量小，为了称量方便，精确，可配制成 1000 或 10000 倍液。

组成配方的化合物往往会发生有沉淀生成的化学反应，在配制时为了防止营养液产生沉淀而使部分离子失效，营养元素不能充分供应引起植物生长不良，所以不能将配方中的所有化合物放置在一起溶解，而是将其进行分类，把相互之间不会产生沉淀的化合物放在一起溶解。根据这一特性现介绍 3 种分类方法：

方法 1：配方分为 2 类，一类为以钙盐为中心不与钙盐产生沉淀的化合物均可一起溶解（A 母液）；另一类则是其余所有化合物均可一起溶解（B 母液）。

方法 2：配方分为 3 类，以钙盐为中心不与钙盐产生沉淀的化合物（A 母液）；以磷酸盐为中心不与磷酸盐产生沉淀的化合物和络合物（B 母液）；微量元素放在一起溶解（C 母液）。

方法 3：配方可分为 4 类，以钙盐为中心不与钙盐产生沉淀的化合物（A 母液）；以磷酸盐为中心不与磷酸盐产生沉淀的化合物（B 母液）；微量元素一起溶解（C 母液）；络合物（D 母液）。

配制浓缩营养液的步骤：根据实际情况和难易程度选择合适的配方和分类方法（以方法 2 为例），按照要配制的浓缩 A 母液和浓缩 C 母液的各种化合物称量后分别放在一个塑料容器中，溶解后加水至所需要配制的体积，搅拌均匀即可，在配制 B 母液时，先将 EDTA 和硫酸亚铁分开，用热水溶解再趁热将硫酸亚铁溶液慢倒入 EDTA 溶液中，边加边搅拌，若有沉淀则需要加热水助溶。然后再取 B 母液所需要称量的其他化合物溶解后，倒入同一个塑料容器中边加边搅拌，最后加清水至所需要配制的体积，搅拌均匀即可。

为了防止长时间储存浓缩营养液产生沉淀，可加入 1mol/L 的硫酸或硝酸酸化至溶液的 pH 值为 3～4；同时应将配制好的浓缩液置于阴凉避光处保存。浓缩 C 母液最好用深色容器储存。

b. 工作营养液的配制方法 作物生长时期的不同，工作营养液的浓度也不相同，根据实际情况利用浓缩营养液稀释为适当浓度的工作母液。根据实际需要的工作母液的体积，算出量取 A、B、C 母液的体积，计算方法有：

$$母液的吸取量(mL) = 工作母液的体积(mL)/浓缩倍数$$

配制时应先在盛装工作营养液的储液池中放入大约需要配制体积的 40%～70% 的清水，量取所需要的 A 母液倒入，开启水泵循环或搅拌使其均匀，然后量取所需 C 母液用较大量清水稀释后，分别在储液池的不同部位倒入，并让水泵开启循环或搅拌均匀，最后量取所需 B 母液，按照浓缩 C 母液的方法加入储液池，经水泵循环流动或搅拌均匀调节至适当的浓度即完成工作营养液的配制。

② 直接称量法 在大规模生产中，因为工作营养液的总量很多，如果配制浓缩营养液

后再经稀释来配制工作营养液，势必要配制大量的浓缩营养液，这将给实际操作带来很多的不便，因此，常常采用称取各种营养物质来直接配制工作母液。

具体配制方法（以方法 3 为例）：在储液池中放入所需要配制营养液总体积约 40%～70%的清水，然后称取浓缩 A 母液的各种化合物放在一个容器中溶解后倒入种植系统中，开启水泵循环流动；然后称取浓缩 B 母液的各种化合物放入另一个容器中，溶解后用大量水稀释，分别加到储液池的不同部位，开启泵循环流动，再取两个容器分别称取铁盐和 ED-TA 置于其中，分别用热水溶解后再趁热将铁盐溶液倒入 EDTA 溶液中，边加边搅拌，若有沉淀则加热水快速溶解，按照 B 母液加入方法倒入储液池，开启水泵循环流动；取另一容器称取微量元素化合物放在一起溶解后，按照 B 母液加入的方法倒入储液池中，开启水泵循环浓度至整个储液池的营养液均匀为止。

在直接称量营养元素化合物配制工作营养液时要注意，在储液池中加入钙盐及不与钙盐产生沉淀的盐类后，不要立即加入磷酸盐及不与磷酸盐产生沉淀的其他化合物，而应在水泵循环大约 30min 或更长的时间后才加入，加入微量元素化合物时也要注意，不应在加入大量营养元素之后立即加入。

以上两种配制工作营养液的方法可根据实际生产上的操作方便与否来进行，有时可将这两种方法配合使用。例如：配制工作营养液的大量营养元素时采用直接称量配制方法，而微量营养元素的加入可采用先配制浓缩营养液再稀释为工作营养液的方法；而调节不同生长时期工作营养液浓度时可用浓缩母液进行。

3. 营养液配制的注意事项

为了避免在配制营养液的过程中产生失误而影响到作物的种植，必须注意以下事项：

① 营养液原料的计算过程和最后结果需要反复检验，确保准确无误。

② 许多化合物都含有结晶水，计算必须注意。

③ 大多数化合物都具有很强的吸湿性，必须储藏于干燥的地方。如因储藏不善或其他原因而吸湿者，必须测定其吸湿量，配制营养液时要扣除。

④ 所选用的水中，如果经化验测定含有钙、镁、钾、硝态氮等营养元素，在营养液配方计算时应扣除这部分含量。

⑤ 所选用的大量元素化合物，多使用农业用品或工业用品，纯度较低，必须进行换算。而微量元素化合物，多使用化学试剂，纯度较高，且用量较少，可以不考虑纯度的换算。

⑥ 有些微量元素，在水或基质中已经含有一定的数量，配营养液时可以忽略不计，不需添加。

⑦ 易与钙盐产生沉淀的化合物最好最后加入或让钙盐充分均匀后加入。

⑧ 在配制工作营养液时，如发现有少量的沉淀产生，就应加长水泵循环流动时间，以使产生的沉淀再溶解。对出现大量沉淀仍不能使其溶解的，应重新配制。

四、营养液的种类

适宜的营养液成分是植物无土培养的关键。目前适于不同作物的营养液配方很多，在此列举三种营养液。

1. 水稻营养液

水稻营养液是专门为水稻设计的，常用的有 Espino 营养液、木村营养液、春日井营养液和国际水稻所营养液。其中多选用国际水稻所营养液，其成分见表 II-3-4。

表Ⅱ-3-4　国际水稻所营养液配方

盐　类	用　量/(mg/L)	盐　类	用　量/(mg/L)
NH_4NO_3	91.40	$(NH_4)M_7O_2 \cdot 4H_2O$	0.074
$NaH_2PO_4 \cdot 2H_2O$	40.30	H_3BO_3	0.934
K_2SO_4	71.40	$ZnSO_4 \cdot 7H_2O$	0.035
$CaCl_2$	88.60	$CuSO_4 \cdot 5H_2O$	0.031
$MgSO_4 \cdot 7H_2O$	324.00	$FeCl_3 \cdot 6H_2O$	7.70
$MnCl_2 \cdot 4H_2O$	1.50	柠檬酸水合物	11.90

2. 旱作营养液

适于培养旱作物的营养液有 Knop 营养液、Hoagland 营养液、Arnon 微量元素营养液、Hewitt 营养液和普良尼什柯夫营养液。目前应用较广泛的是 Arnon-Hoagland 营养液，其配方见表Ⅱ-3-5。

表Ⅱ-3-5　Arnon-Hoagland 营养液配方

	盐　类	用　量/(mg/L)
大量元素	$Ca(NO_3)_2 \cdot 4H_2O$	950
	KNO_3	610
	$MgSO_4 \cdot 7H_2O$	490
	$NH_4H_2PO_4$	120
微量元素	酒石酸铁	5.0
	H_3BO_3	0.60
	$MnCl_2 \cdot 4H_2O$	0.40
	$CuSO_4 \cdot 5H_2O$	0.05
	$ZnSO_4 \cdot 7H_2O$	0.05
	$H_2MoO_4 \cdot 4H_2O$	0.02

3. 不完全营养液

为了研究某种营养元素的生理作用常需使用不完全营养液（缺乏某种元素的营养液）。例如，采用 Hoagland 营养液为基础的不完全营养液，配方如表Ⅱ-3-6，其中微量元素同表Ⅱ-3-5。

表Ⅱ-3-6　Hoagland 不完全营养液　　　　　　单位：mL/L

母液	完全	缺氮	缺磷	缺钾	缺镁	缺硫	缺钙
1mol/L KNO_3	5	—	6	—	6	6	5
1mol/L $Ca(NO_3)_2$	5	—	4	5	4	4	—
1mol/L $MgSO_4$	2	2	2	2	—	—	2
1mol/L KH_2PO_4	1	—	—	—	1	1	1
0.5mol/L K_2SO_4	—	5	—	—	3	—	—
0.1mol/L NaH_2PO_4	—	20	—	20	—	—	—
0.1mol/L $CaCl_2$	—	12	—	—	—	—	—
1mol/L $Mg(NO_3)_2$	—	—	—	—	—	2	—

五、溶液培养和基质栽培的应用

无论在研究中还是在生产实践中，溶液培养和基质栽培都有十分广泛的用途。现概括如下：

① 用于研究植物矿质元素的生理效应和根系对矿质元素的吸收，以及确定新的植物必需元素；

② 为植物生理研究培养实验材料，提高组培苗的成活率；

③ 用于提高农作物尤其是花卉、蔬菜的产量和品质，生产无公害蔬菜；

④ 用于窗台和屋顶净化和美化，进行庭院经济植物的开发利用；

⑤ 无土栽培不受土壤及地力的限制，为开发利用沿海滩涂和沙漠提供了可能。

六、植物缺乏矿质元素的症状检索表

症　状	缺乏元素
A. 老叶症状	
B. 症状常遍布整株,基部叶片干焦和死亡	
C. 植株浅绿,基部叶片黄色,干燥时呈褐色,茎短而细	氮
C. 植株深绿,常呈红或紫色,基部叶片黄色,干燥时暗绿,茎短而细	磷
B. 症状常限于局部,基部叶片不干焦但杂色或缺绿,叶缘环状卷起或卷皱	
C. 叶杂色或缺绿,有时呈红色,有坏死斑点,茎细	镁
C. 叶杂色或缺绿,在叶脉间或叶尖和叶缘有坏死小斑点,茎细	钾
C. 坏死斑点大而普遍出现于叶脉间,最后出现于叶脉,叶厚,茎短	锌
A. 嫩叶症状	
B. 顶芽死亡,嫩叶变形和坏死	
C. 嫩叶初呈钩状,后从叶尖和叶缘向内死亡	钙
C. 嫩叶基部浅绿,从叶基部枯死,叶捻曲	硼
B. 顶芽仍活但缺绿或萎蔫,无坏死斑点	
C. 嫩叶萎蔫,无失绿,茎尖弱	铜
C. 嫩叶不萎蔫,有失绿	
D. 坏死斑点小,叶脉仍绿	锰
D. 无坏死斑点	
E. 叶脉仍绿	铁
E. 叶脉失绿	硫

参 考 文 献

[1]　张广楠. 无土栽培技术研究的现状与发展前景. 甘肃农业科技, 2004, (2): 6-7.
[2]　邢禹贤. 新编无土栽培原理与技术. 北京: 中国农业出版社, 2001.
[3]　马太和. 无土栽培. 北京: 北京出版社, 1980. 11-126.
[4]　山东农学院, 西北农学院. 植物生理学实验指导. 济南: 山东科学技术出版社, 1980. 191-195.
[5]　熊庆娥. 植物生理学实验教程. 成都: 四川科学技术出版社, 2003.
[6]　谢小玉、邹志荣、江雪飞等. 中国蔬菜无土栽培基质研究进展. 园艺园林科学, 2005, 21 (5): 280-283.

（叶珍　编）

综合实训四　不同肥料配比及施肥量对作物生长发育的影响

【实训目标】

1. 学习掌握不同肥料影响植物生长发育的基本原理和研究技术。
2. 通过实训掌握植物栽培中有关土壤、肥料及耕作管理等方面的技术。
3. 探索单质肥料的最佳施用量及不同肥料的优化配比。

【实训内容】

1. 不同肥料配比及施用量对作物（水稻、玉米）生长及产量的影响。
2. 查阅植物对养分的吸收特性、施肥量、施肥方式和时间等相关资料，设计筛选氮、磷、钾和有机肥的合理配比。
3. 土培或田间试验的操作管理。
4. 测定植株相关形态指标和产量指标。

【考核指标】

1. 试验的准备与方案设计（占总成绩的 30%）

试验相关资料的查阅总结是否完备，方案设计的思路是否清晰，试验方法是否正确，试验材料和准备是否充分。

2. 操作实施（占总成绩的 40%）

考核学生实训过程中操作管理是否认真、严谨；测定的数据记载是否翔实、准确无误。

3. 实训报告（占总成绩的 30%）

通过对实验数据的记录、整理及严格分析，参阅相关资料，得出相应的结果分析，撰写研究分析报告。根据数据的分析、结果的表述及报告的总体质量判定成绩。

［参考方案一］　氮肥不同施用量对作物生长及产量的影响

一、实训项目

氮肥不同施用量对玉米生长及产量的影响。

二、实训目标

1. 了解氮肥对植物生长发育的影响的理论。
2. 研究玉米生长发育的最佳氮肥施用量。
3. 根据氮肥对玉米生长发育的作用机理，测定相关的形态和产量指标。

三、实训材料与仪器设备

(1) 实训材料　氮肥（如尿素、氯化铵或硫酸铵）、玉米种子、盆栽相关器皿及工具。
(2) 仪器设备　天平、卷尺、游标卡尺等。

四、技术路线

五、方法步骤

1. 试验设计

查阅资料，根据玉米对氮素的吸收特性及盆栽土壤基本数据（pH、有机质、全 N、速 N、速 P、速 K），确定盆栽试验氮肥施用量的梯度处理（如：每公顷施纯氮量分别为 0kg、50kg、100kg、150kg，每公顷施纯磷 69.0kg、纯钾 34.2kg）。

2. 盆栽准备

土壤装盆（每处理 4 盆，每盆装土 5kg）；肥料施用（做基肥一次与土壤混匀）；盆钵随机排列。

3. 播种定苗

每盆中播 5 粒种子，播种后 7~10d 观察出苗情况，测定出苗率，以叶片露出表土 2cm 为准。3 叶期间苗，留取大小一致的苗进行后续试验。

4. 生物性状测定

植株的株高、茎粗、穗长、穗粗和产量等生物性状反映了氮肥用量与植物生长状况的关系。其中，株高和茎粗是植株苗期生长发育状况的主要指标；穗长、穗粗、百粒重是植株成熟期的主要指标。（用卷尺测定株高和穗长；用游标卡尺测定茎粗和穗粗。）

六、观测与收集的数据和方法

1. 不同氮肥施用量对玉米生长的影响（表Ⅱ-4-1）。

表Ⅱ-4-1　不同氮肥施用量的玉米形态指标测定

氮肥施用量/(kg/hm²)	出苗率/%	株高/cm	穗粗/cm	茎粗/cm	穗长/cm
CK(不施用氮肥)					
50					
100					
150					

2. 不同氮肥施用量对玉米叶绿素含量及产量的影响（表Ⅱ-4-2）。

表Ⅱ-4-2　不同氮肥施用量的玉米叶绿素含量和产量

氮肥施用量/(kg/hm²)	叶绿素含量	穗粒数	百粒重/kg
CK			
50			
100			
150			

3. 分析上述数据写出实训报告（或研究型论文）。

[参考方案二]　不同肥料配比对茄果类蔬菜产量与品质的影响

一、实训项目

不同肥料配比对番茄产量与品质的影响。

二、实训目标

1. 深刻理解平衡施肥的含义及意义。

2. 掌握番茄高产优质的施肥技术的研究方法。

三、实训材料与仪器设备

(1) 实训材料　尿素、硫酸钾、重过磷酸钙、生物有机肥、番茄种苗、耕作管理相关工具。

(2) 仪器设备　天平、卷尺、游标卡尺等。

四、技术路线

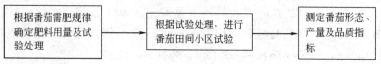

五、方法步骤

1. 试验设计

番茄需肥量较大，也比较耐肥。每生产 100kg 番茄需吸收 N $0.27\sim0.32$kg，P_2O_5 $0.06\sim0.1$kg，K_2O $0.49\sim0.51$kg，吸收比例 N：P_2O_5：K_2O 为 1：0.28：1.80。综合考虑土壤供应能力、肥料利用效率以及生产水平等因素，在土壤养分中等的情况下，施用肥料中氮、磷、钾配比以 1：0.5：1 为好。试验地点选定后，应对试验田的土壤类型、土壤养分状况、农民的施肥习惯及常栽品种进行详细的了解，然后进行试验设计，确定试验的处理数、重复数及小区面积。

例如：某一生物有机肥（含 N 3.68%，P_2O_5 1.63%，K_2O 1.9%）的试用效果试验，可将试验设计为 3 个处理：

处理 1：生物有机肥 6000kg/hm^2。

处理 2：生物有机肥 3000kg/hm^2＋240kg/hm^2 尿素＋97.8kg/hm^2 重过磷酸钙＋142kg/hm^2 硫酸钾。

处理 3：480kg/hm^2 尿素＋195.6kg/hm^2 重过磷酸钙＋284kg/hm^2 硫酸钾。

2. 田间试验

试验小区面积 19.6m^2，每处理重复 3 次，随机排列。肥料施用方法为生物有机肥全部作基肥，化学肥料基肥追肥各半。追肥分两次，分别于定植后 20d 和 40d 追施。番茄种植形式为株距 45cm，行距 50cm，每小区共栽 300 株左右。

3. 测定指标及方法

营养生长期每处理定 15 株测量株高、茎粗，在番茄盛产期测定番茄果实的可溶性糖、维生素 C 含量，测最终产量。

收获后 S 形采集试验土壤样品进行理化性质测定：土壤有机质、全 N、碱解氮、有效磷、速效钾、pH 值。

六、观测与收集的数据和方法

1. 生物有机肥对番茄形态的影响（表Ⅱ-4-3）。

表Ⅱ-4-3　生物有机肥对番茄形态影响

处理	株高/cm		茎粗/cm	
	定植前 30d	定植后 30d	定植前 30d	定植后 30d
1				
2				
3				

2. 生物有机肥对产量的影响（表Ⅱ-4-4）。

表Ⅱ-4-4　生物有机肥对番茄产量影响

处理	小区产量/kg
1	
2	
3	

3. 对品质的影响（表Ⅱ-4-5）。

表Ⅱ-4-5　生物有机肥对番茄品质影响

处理	单果重/(g/个)	维生素C/(mg/100g)	可溶性固形物/(g/100g)
1			
2			
3			

4. 分析上述数据写出实训报告（或研究型论文）。

［相关资料］　常见作物的需肥规律及施肥技术

一、水稻

1. 需肥规律

水稻是需肥较多的作物之一，一般每生产稻谷 500kg 需氮（N）9～12.5kg、磷（P_2O_5）4.0～6.0kg、钾（K_2O）10.5～15.0kg，氮、磷、钾的需肥比例大约为 2∶1∶3。水稻对氮素的吸收量在分蘖旺期和抽穗开花期达到高峰。施用氮肥能提高淀粉的产量，改善大米品质。水稻对磷的吸收是分蘖至幼穗分化期。磷肥能促进根系发育和养分吸收，增强分蘖，增加淀粉合成，促进籽粒充实。水稻对钾的吸收，主要是穗分化至抽穗开花期，其次是分蘖至穗分化期。钾是淀粉、纤维素的合成和体内运输时必需的营养，能提高根的活力，延缓叶片衰老，增强抗御病虫害的能力。另外，硅和锌两种微肥对水稻的产量和品质影响较大。水稻茎叶中含有 10%～20% 的二氧化硅，施用硅肥能增强水稻对病虫害的抵抗能力和抗倒伏能力，起到增产的作用，并能提高稻米品质；锌肥能增加水稻有效穗数、穗粒数、千粒重等，降低空秕率，起到增产作用，在石灰性土壤上作用较明显。硅、锌肥施用在新改水田、酸性土壤以及冷浸田中作用更为明显。

2. 施肥技术

（1）秧苗施肥　秧苗基肥应重施有机肥，有机肥料肥效长、养分全、含有大量水稻生长所必需的营养元素。有机肥的黏结性、吸附性和代换量都很高，具有增加土壤团粒结构、提高土壤保水保肥能力的作用，是良好的土壤改良剂。一般每亩施用 500～1000kg，同时每亩施用尿素 3～5kg、磷酸二铵 8～15kg、氯化钾 7～8kg 或亩施复合肥 20～30kg，以达到供肥均匀的目的，促使苗壮苗齐。移栽前 4～5d，每亩施用尿素 6～7kg 或高氮复合肥 8～10kg 作为送嫁肥，以利秧苗移栽后尽快返青，恢复生长。

（2）大田施基肥　大田基肥也应重视有机肥的施用，一般亩施 2000～3000kg。同样不可忽视化肥的施用，水稻前期基本不吸收硝态氮，因此，氮肥以铵态氮为好，一般每亩施用尿素 7～8kg、过磷酸钙 30～40kg、氯化钾 8～10kg 或亩施复合肥（15%—15%—15%）

30～40kg，另外每亩增施硅肥 6～8kg、硫酸锌 1～1.5kg。大田基肥应在插秧前结合耕耙稻田施用，要深施到 12～20cm 的土壤中，使铵在少氧的环境中保持稳定，防止流失。

（3）追肥

① 分蘖肥   移栽返青后应及早施用分蘖肥，以促进低节位分蘖的生长，起到增穗作用。分蘖肥一般分两次施用，第一次在返青后，第二次在分蘖盛期，均为亩施尿素或高氮复合肥 7～8kg，保证全田生长整齐，起到保蘖成穗作用。

② 穗肥   水稻穗形成和籽粒发育的初期，应控制无效分蘖。此时可每亩施尿素 8～12kg 或高氮复合肥 10～15kg，确保中期足够的养分转向生殖生长，增加颖花数量，防止颖花退化，促穗大粒重，同时具有养根、健叶、壮秆、防倒伏的作用。群体过小的地块可以提前到穗分化时期施用。

③ 粒肥补施   从抽穗到成熟期间，为提高结实率，确保完全成熟，增加千粒重，追肥要视水稻长势而定，宜少不宜多，一般每亩喷施 0.2%～0.3% 的磷酸二氢钾溶液 50～60kg；如有缺锌症状出现，则每亩喷施 0.1%～0.3% 的硫酸锌溶液 50～60kg；对抽穗前叶片有褪绿发黄的地块，可亩施尿素 3～4kg 或高氮复合肥 4～5kg。补施粒肥可以有效地增强植株的抗逆性、抗病性；延长叶片功能期，防止早衰；改善水稻根部氧的供应，提高根系活力；加快灌浆，促进成熟和籽粒饱满，从而增加稻谷产量，改善稻米品质。应当注意，前期肥足、中期分蘖过多过旺、叶色浓绿、群体间受光态势差、有贪青晚熟趋势的田块，不应追施粒肥。

二、玉米

1. 需肥规律

玉米是一种高产作物，植株高大，根系发达，吸肥力强，需要养分多。每生产 100kg 玉米籽粒，需要吸收氮 2.4～4.0kg、五氧化二磷（P_2O_5） 0.94～1.5kg、氧化钾（K_2O） 2.3～5.5kg。氮、磷、钾的需肥比例大约为 1：0.5：1.3。玉米吸收养分的数量和比例不同的原因，主要是由于品种特性、土壤条件、产量水平以及栽培方式不同，在确定具体施肥量时，要综合分析考虑。玉米不同生育期对养分吸收不同，春玉米与夏玉米相比，夏玉米对氮、磷的吸收更集中，吸收峰值也早。一般春玉米苗期（拔节前）吸氮仅占总量的 2.2%，中期（拔节至抽穗开花）占 51.2%，后期（抽穗后）占 46.6%；而夏玉米苗期吸氮占 9.7%，中期占 78.4%，后期占 11.9%。春玉米吸磷，苗期占总吸收量的 1.1%，中期占 63.9%，后期占 35.0%；夏玉米苗期吸收磷占 10.5%，中期占 80%，后期占 9.5%。玉米对钾的吸收，春夏玉米均在拔节后迅速增加，且在开花期达到峰值，吸收速率大，容易导致供钾不足，出现缺钾症状。

2. 施肥技术

（1）基肥   玉米要按基肥为主，追肥为辅；有机肥为主，化肥为辅；氮肥为主，磷、钾肥为辅；穗肥为主，粒肥为辅的基本原则施肥。

春玉米施用有机肥做基肥一般结合头一年秋耕或春耕进行，用量一般为亩施 1000～2000kg。夏玉米在小麦收获后，结合浅耕灭茬，亩施优质有机肥 1000～2000kg。缺磷土壤每亩施过磷酸钙 30～40kg，缺钾土壤每亩施氯化钾 5～10kg。一般基肥中迟效性肥料约占基肥总用量的 80% 左右，速效性肥料占 20% 左右为宜。基肥可全层深施，肥料用量少时，可采用沟施或穴施方法。间作或混作玉米应重视用种肥，一般用有机肥料，配合适量氮、磷化肥，采用条施或穴施方法进行。

（2）追肥　玉米是一种需肥较多和需肥较集中的作物，出苗后单靠基肥和种肥远不能满足拔节至抽穗和生育后期对养分的需要。追肥的作用在于达到"攻秆、攻穗、攻粒"的高产目的。每亩施肥量低于 20kg 标准氮肥时，宜在拔节中期一次追肥，秆穗齐攻。一般早熟品种播后 30d 左右，即"喇叭口期"，追肥为好；中熟品种播后 25d 左右，追肥为好；晚熟品种播后 35～40d，追肥为好；每亩施用量超过 20kg 标准氮肥的，以分次追肥为好。重点放在攻秆和攻穗肥，辅之以提苗，攻籽肥。各地试验结果，采用二次追肥，一般以前重后轻，即攻秆肥占 60%～70%，攻穗肥占 30%～40%为好；高肥力田块或施了底肥、种肥、提苗肥的，则以前轻后重为佳。对于一些缺锌、铁、硼等微量元素土壤，在拔节、孕穗期喷施 0.3%的硫酸锌或 0.2%硼砂溶液均有显著的增产效果。

三、番茄

1. 需肥规律

番茄需肥量较大，也比较耐肥。每生产 1000kg 番茄需吸收 N 2.7～3.2kg，平均 2.90kg；P_2O_5 0.6～1.0kg，平均 0.84kg；K_2O 3.73～5.1kg，平均 4.51kg；吸收比例 N∶P_2O_5∶K_2O 为 1∶0.28∶1.80。但由于肥料利用率不同，在实际施肥中三要素比例以 1∶0.5∶1 为好。番茄在定植前，吸收养分较少，定植后随生育期的推进而增加，从第一花序开始结实、膨大后，养分吸收量迅速增加，氮、磷、钾、钙的吸收约占总吸收量的70%～90%。特别是氮素从第一穗果实迅速膨大之前，吸收量逐渐增加，在盛果期吸收量达到高峰。幼苗期吸收氮 10%，开花结果到盛果期吸氮约 90%。番茄苗期对磷素吸收量较少，但影响很大，磷供应不足不利于花芽的分化和植株发育；第一穗果实长到核桃大小时，植株吸磷量约占整个生育期的 90%。番茄的需钾量最大，约为氮的 2 倍，需钾规律和氮相似，前期少，中后期大，特别是果实膨大阶段吸收量急剧增多，占 70%以上。另外，钙和镁供应不足也会对产量和品质造成很大的影响。

2. 施肥技术

（1）苗床肥　番茄的苗期营养主要靠苗床土壤来提供，苗床土壤的养分含量，直接影响到幼苗生长的健壮。苗床施肥一般每平方米施 5kg 有机肥，1kg 硫酸铵，0.7～7kg 过磷酸钙，0.2kg 硫酸钾。番茄苗的生长中后期如养分不足，一般可结合浇水，追施稀薄的粪水或喷施 0.1%～0.2%尿素溶液。

（2）基肥　施足基肥，是保证幼苗粗壮的先决条件。一般土壤每亩施优质有机肥 5～6t，磷酸二铵 50kg，磷肥 50kg，尿素 10kg，硫酸钾 10～15kg。基肥的 2/3 翻入土中，1/3 施在定植行内。

（3）根系追肥　番茄是陆续收获的作物，施好追肥，是获得高产的关键。番茄定植后生长到第一穗果核桃大，第二穗已坐果，第三穗正开花时结合浇水开始第一次追肥。一般每次每亩追尿素 8～10kg（或硝铵 12～15kg），硫酸钾 10～15kg。到第二穗果膨大时，第二次追肥的同时叶喷磷酸二氢钾溶液 0.2%～0.3%。盛果期每亩次追硝铵 15kg，磷酸二铵 2kg，硫酸钾 10kg。追肥时注意，前期追肥量适当减少，后期稍大。每 7～10d 追肥一次，随水追肥，而且视天气情况，晴天多施，阴天少施或不施。全生育期可追肥 15～20 次。如果用滴灌和施肥罐，可将追肥量减少一半，每 3～5d 追肥一次。

（4）根外追肥　番茄生长到盛果期，可能由于土壤和有机肥中的微量元素不能满足作物需要，同时要叶喷各种微肥，提高产量和改善品质。

四、黄瓜

1. 需肥规律

黄瓜的营养生长与生殖生长并进时间长、产量高，因而需肥量大。一般每生产 1000kg 果实，需吸收氮（N）2.8～3.2kg，磷（P_2O_5）1.2～1.8kg，钾（K_2O）3.3～4.4kg，其比例为 1：0.5：1.4。黄瓜施基肥时多施磷，少施氮、钾，追肥以氮、钾为主，适当配施磷肥及各种微肥。黄瓜每次追肥量不宜太大，否则造成肥害，出现烧苗现象。

2. 施肥技术

（1）基肥　为提高土壤肥力，改善土壤结构，满足作物幼苗对养分的需求，必须施足基肥，保证幼苗粗壮。露地黄瓜一般定植前每亩施用腐熟的有机肥 4～5t，磷酸二铵 30～50kg，硫酸钾或氯化钾 10～20kg。由于设施黄瓜生育期较长，一般每亩基施充分腐熟的优质有机肥 8～10t，尿素 20kg，磷酸二铵 50kg，普通过磷酸钙 50kg，硫酸钾 12kg。因为黄瓜根系较弱，基肥应集中深施，即先将地深翻整平后，在起垄处开 60cm 宽、10cm 深的沟，将各种混匀的肥料深埋后起垄定植。

（2）追肥　黄瓜幼苗忍耐土壤溶液浓度的能力比成年植株要低，所以，追肥应掌握少量多次的原则。黄瓜苗定植后，为了促进缓苗和根系发育，可结合缓苗水施入少量的氮肥和磷肥，或追施 20%稀薄人粪尿，然后蹲苗。进入开花结果期后，黄瓜吸收的养分占总吸收量的 70%～80%，特别是在盛果期，果、叶旺盛生长，需肥量增加，因此应结合浇水进行追肥，一般冬季每 20～30d 追肥一次，春季 10～15d 追肥一次。每次追肥量为每亩尿素 5～10kg、磷酸二铵 2～3kg、氯化钾 1～2kg。

参 考 文 献

[1] 唐福锦等.氮肥不同施用量对玉米性状及产量的影响.现代化农业，2009，(7)：9-11.
[2] 梁二等.不同肥料和 N 减量施用对旱作玉米生产的影响.中国农业气象，2009，28 (4)：371-373.
[3] 侯玉虹等.土壤含水量对玉米出苗率及苗期生长的影响.安徽农学通报，2007，13 (1)：70-73.
[4] 张娜等.不同肥料配比对大棚番茄品质与产量的影响.浙江农业科学，2010，2：260-262.
[5] 孙羲.植物营养原理.北京：中国农业出版社，1997.
[6] 鲁如坤.土壤农业化学分析方法.北京：中国农业科学技术出版社，1999.
[7] 尹凯丹，张奇志.食品理化分析.北京：化学工业出版社，2008.
[8] 石伟勇.植物营养诊断与施肥.北京：中国农业出版社，2005.
[9] 鲁剑巍.测土配方与作物配方施肥技术.北京：金盾出版社，2006.

（宋建利　编）

综合实训五　种子萌发中呼吸作用及有机物变化的动态研究

【实训目标】

1. 学习掌握种子萌发中呼吸作用基本原理和研究技术。
2. 通过实训加深对种子萌发不同阶段的呼吸作用的动态理解。
3. 通过实训加深对种子萌发中淀粉、脂肪转化原理的理解和掌握。

【实训内容】

1. 用滴定法测定植物的呼吸速率，并比较不同萌发阶段小麦种子及幼芽的呼吸速率。
2. 比较发芽和未发芽小麦种子淀粉的转化情况。

【考核指标】

1. 方案设计与准备（占总成绩的20%）

要求设计方案思路清晰、方法科学、操作可行；要求实验准备充分到位。

2. 基本操作（占总成绩的50%）

要求实验操作认真、严谨；正确、规范使用仪器；测定的数据准确（误差大小，在理论上要符合规律）；数据记载翔实。

3. 实训报告（占总成绩的30%）

通过测定记录实验数据，进行整理和分析，查阅参考文献，撰写实训报告（或研究论文）。

要求撰写实训报告（或研究论文）态度认真、字迹工整，能实事求是、科学综合地分析问题。

［参考方案］　种子萌发中呼吸速率测定及有机物变化的研究

一、实训项目

小麦种子萌发中呼吸速率测定及淀粉转化的测定。

二、实训目标

1. 学习种子呼吸速率、淀粉测定的技术和方法。
2. 比较小麦种子不同萌发阶段的呼吸速率、淀粉转化情况。

三、实训材料与仪器设备

(1) 材料　发芽和未发芽的小麦籽粒各100粒。

(2) 设备　广口瓶测呼吸装置、电子天平、酸式和碱式滴定管、滴定管架、温度计、尼龙网制小篮，显微镜、载玻片、盖玻片、研钵、烧杯、水浴锅、培养皿、试管、刀片、毛笔。

(3) 试剂　1/44mol/L 草酸溶液、0.05mol/L 氢氧化钡溶液、酚酞指示剂，I-KI溶液，琼脂等。

四、技术路线

（1）呼吸速率　一部分小麦种子浸种催芽再测呼吸速率。

（2）淀粉测定　另一部分发芽种子测定淀粉转化。

① 淀粉的消化

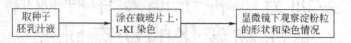

② 淀粉种子萌发时淀粉酶的形成

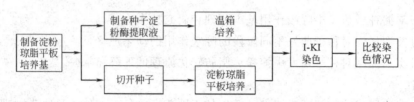

五、方法步骤

1. 呼吸速率

略（参见第一篇第四章相关实训内容）。

2. 淀粉测定

（1）淀粉的消化

① 取芽鞘或幼叶长 3～5cm 的小麦籽粒，将其胚乳汁液挤出少许，涂在载玻片上，加一滴水，盖上盖玻片，在显微镜下观察淀粉粒的形状。然后加一滴 I-KI 溶液于制片上，观察染色情况，可以看到有些淀粉粒染色较浅，有些淀粉粒发生缺口或缺痕，以致裂成数块。

② 刮取未发芽的小麦胚乳淀粉，加少许水后在显微镜下观察淀粉粒的形状。同样加一滴 I-KI 溶液，再观察着色情况。比较发芽与未发芽的小麦籽粒的淀粉形状及染色情况。

（2）淀粉种子萌发时淀粉酶的形成

① 称取琼脂 2g，置于烧杯中，加蒸馏水 100mL，小火加热，不断搅拌，使琼脂融化。另取淀粉 1g，置于小烧杯中，加少量水调匀，倒入已融化的琼脂中，搅匀。趁热将琼脂倒入几个培养皿中，使其成一薄层，冷却凝固后备用。

② 取已萌发和未萌发的小麦籽粒各 20 粒，分别于研钵中，加蒸馏水 5mL 研磨，再用 5mL 蒸馏水将研碎物全部洗入小烧杯中，静置 15min 后，将上清液倒入另一烧杯中，即为淀粉酶提取液。

③ 用毛笔分别蘸取两种提取液，分别在培养皿内淀粉琼脂平板上绘一字样，加培养皿盖，置 25℃温箱中。30min 后，以 I-KI 稀溶液浸湿整个平板。比较用两种提取液所绘的字样，其颜色有何不同。

④ 将萌发和未萌发的种子切开，切面用水湿润后，直接置于淀粉琼脂平板上（切面朝下），保温后去掉种子，用 I-KI 溶液染色，比较两者有何不同。

六、观测与收集的数据和方法

1. 呼吸速率测定记载表

略（参见本书前面相关内容）。

2. 种子萌发过程中淀粉的转化情况记录表（表Ⅱ-5-1）。

表Ⅱ-5-1　种子萌发淀粉转化记录表

淀粉的转化过程	观察指标	未发芽小麦种子	发芽小麦种子
淀粉的消化	淀粉粒形状		
	蓝色的深浅		
淀粉酶的形成	提取液染色情况		
	种子切面染色情况		

3. 分析上述数据并写出实训报告（或研究型论文）。

［相关资料］　种子萌发时的物质转化

　　种子中贮藏着大量的淀粉、脂肪和蛋白质，不同植物的种子三种有机物的含量有很大差异。我们常以含量最多的有机物为根据，将种子区分为淀粉种子（淀粉较多）、油料种子（脂肪较多）和豆类种子（蛋白质较多）（表Ⅱ-5-2）。在种子萌发过程中各类贮藏物质发生一系列变化（图Ⅱ-5-1），这些有机物在种子萌发时，在酶的作用下可被水解为简单的有机物，并运送到正在生长的幼胚中去，作为幼胚生长的营养物质来源。

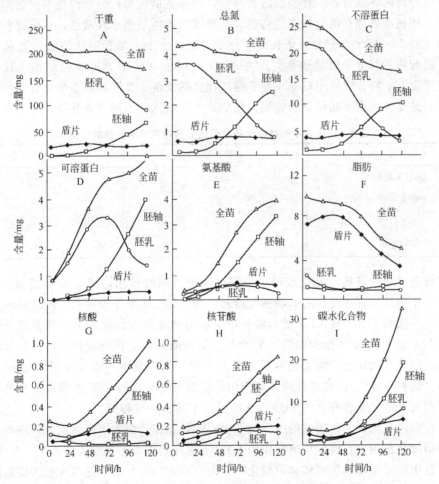

图Ⅱ-5-1　玉米种子萌发的不同部位成分含量的变化

表Ⅱ-5-2　不同作物种子中贮存的主要有机物　　　　单位:%

作物种子		淀粉	脂肪	蛋白质
淀粉种子	小麦	72.0	1.4	42.0
	水稻	73.0	2.0	10.0
	玉米	76.0	4.0	8.0
	高粱	74.0	4.0	10.0
油料种子	芝麻	11.0	58.0	22.0
	向日葵	14.0	51.0	23.0
	花生	16.0	46.0	30.0
豆类种子	大豆	30.0	20.0	39.0
	豌豆	58.0	1.0	24.6
	蚕豆	49.0	0.8	18.2

一、种子萌发时碳水化合物的转化

禾谷类种子萌发时，其主要的储藏物质淀粉发生显著变化。在显微镜下可以观察到淀粉粒的分解，先是表面被侵蚀，其后出现许多沟，最后淀粉粒破碎成小块。完全溶解后有麦芽糖产生。

淀粉可分为两种成分：一种是可溶解部分，称为直链淀粉；另一种是不溶解部分，称为支链淀粉。用碘液处理直链淀粉产生蓝色，支链淀粉产生紫色或红紫色，直链淀粉的相对分子质量为 10000~50000，它是一条长而不分支的链，由 1,4-糖苷键联结的 α-葡萄糖残基所组成。支链淀粉相对分子质量非常大，为 50000~1000000，它具有支链结构，其中葡萄糖结合方式除 α-1,4-糖苷键外还有 1,6-糖苷键所连接的支链。支链淀粉至少含有 300 个 1,6-链连接在一起的支链，在不同植物的储藏淀粉中，二者的比例不同（表Ⅱ-5-3）。

表Ⅱ-5-3　在不同植物种子的储藏淀粉中直链和支链的比例

不同植物淀粉	直链淀粉/%	支链淀粉/%
马铃薯淀粉	19~22	78~81
小麦淀粉	23	67
玉米淀粉	21~23	77~79
水稻淀粉	17	83

从淀粉分子结构可见，完全水解至少需要两种酶同时作用，即 α-淀粉酶和 β-淀粉酶。β-淀粉酶的作用是从直链淀粉的末端葡萄糖起，每次切下 1 分子麦芽糖。α-淀粉酶是在直链淀粉分子上一次切下 6 个或 12 个葡萄糖分子。这两种酶都不能水解 1,6-糖苷键，因此对支链淀粉只能生成 54% 麦芽糖和糊精。单独由 α-淀粉酶作用于直链淀粉，可将其水解成小分子的糊精，两者共同作用，将支链淀粉大部分水解，最后剩下一些 1,6-糖苷键和 1,4-糖苷键联成的"淀粉碎片"。因此两种酶共同作用，可将全部淀粉的 95% 水解成麦芽糖。一般禾谷类种子在发芽前，只含有 β-淀粉酶，发芽后，才形成 α-淀粉酶。

另外，通过实验证实在萌发的豌豆种子中，除依靠淀粉酶的水解作用外，还有另外一条途径，即磷酸化作用（在磷酸化酶的作用下）。不论在禾谷类还是豆类种子中，在萌发初期，子叶或胚乳中的淀粉降解主要依靠磷酸化酶；而在萌发后期，水解途径才成为淀粉降解的主要途径。大麦种子胚乳的糊粉层是 α-淀粉酶重新合成的场所。如将胚去掉，便不能产生淀粉酶，施用赤霉素可使去胚种子重新获得合成淀粉酶的能力。实验证明，在禾谷类种子中赤霉素在胚内合成，然后运输至糊粉层，促进了各种水解酶（含 α-淀粉酶）的合成，酶合成后向胚乳分泌并开始水解淀粉。在萌发时碳水化合物的转变，主要是通过淀粉酶和麦芽糖酶的作用，最后形成葡萄糖。葡萄糖及其他单糖含量很快增加后又逐渐减少，一方面是由于呼吸作用的消耗，另一方面是由于被利用于合成纤维素和蛋白质的碳骨架。

现将淀粉和各种糊精在水中的溶解情况，以及它们对碘的显色反应，总结如下：淀粉粒原来是完整的；种子萌发后，由于淀粉水解形成的可溶性糖溶解于水，在淀粉粒上可见一些小缺痕；缺痕逐渐扩大，并在淀粉粒内部沟通起来，裂为碎屑，最后消失；马铃薯块茎萌发时淀粉的分解有淀粉酶的参与，但大部分是在淀粉磷酸化酶作用下进行的；种子萌发时，蔗糖的水解是靠转化酶（也称蔗糖酶）的作用，水解为葡萄糖和果糖。

总之，种子萌发时，种子中的淀粉被淀粉酶水解为麦芽糖，再由麦芽糖酶继续把麦芽糖分解为葡萄糖，供细胞代谢所利用，或转化为蔗糖。蔗糖运送到胚根与胚芽后，再水解为单糖被利用，作为呼吸原料或再转变为淀粉、脂肪、蛋白质等。

二、萌发时脂肪的转化

大多数种子的脂肪是由甘油三酯组成的。在种子萌发时，甘油三酯首先在酯酶作用下降解生成脂肪酸和甘油，甘油经磷酸化后通过一系列呼吸代谢途径，最后氧化生成 CO_2 和水。游离脂肪酸的降解十分复杂，需要由几种细胞器和多个酶系统共同配合进行，才能完成降解过程。降解主要经 β-氧化途径，当脂肪酸进入乙醛酸体后，在 ATP 和 CoA 的参与下，相继地按两个碳原子的部位降解，形成多个乙酰 CoA。乙酰 CoA 在异柠檬酸裂解酶和苹果酸合成酶的作用下生成琥珀酸。琥珀酸从乙醛酸体转移至线粒体，在几种酶的作用下转变为草酰乙酸。草酰乙酸在细胞质中的代谢结果产生蔗糖。脂肪酸可以直接用于合成磷脂及甘油酯，作为细胞器的组成部分；但主要是部分地氧化及转变为糖，并运转至胚轴供生长之用。脂肪酸经氨基化后还可转变为氨基酸，在一些植物种子中，脂肪酸也可以通过 α-氧化途径，在每次氧化中仅除去一个碳原子。α-氧化的酶系统存在于线粒体及上清液中。

三、种子萌发时蛋白质的转化

种子萌发时，储藏蛋白质从储藏部位运到利用部位，以及从一种蛋白质转变为另一种蛋白质，都必须先经过蛋白质分解过程。因为储藏蛋白质分子量很大，多不溶于水，即使溶于水也呈胶体状态，很难透过细胞，不能运输；另外，储藏蛋白质水解生成氨基酸需要多种蛋白酶共同起作用。产生的氨基酸可以被重新利用，合成新的蛋白质。

禾谷类种子的储藏蛋白质分别位于两个部位，即糊粉层细胞的糊粉粒中和胚乳细胞的蛋白体中。少量储藏蛋白质则位于盾片及胚轴中，水解后直接为胚轴生长提供氨基酸，这一降解与利用过程是在胚乳储藏物动员之前发生。

在胚乳的蛋白质降解时，非蛋白氮增加，这些氮素化合物在第二天后便开始转入胚轴中。用同位素示踪实验，发现玉米的消化胚乳中存在较多的谷氨酰胺，它们能渗入盾片表皮，并在几小时内进入胚轴生长点中。

双子叶植物如菜豆的干燥种子，蛋白酶活性很低，吸水后 5d 出现一个突然上升，这与子叶内储藏蛋白质含量的迅速下降密切相关。

种子中蛋白质水解产生的氨基酸，既可作为再合成的原料，也可通过脱氨基作用，转变为有机酸和游离的氨。在高等植物体内主要是氧化性脱氨基作用，氨基酸被氧化成相应的酮酸和游离氨。氨对活细胞和组织极其有害，不能大量积累在细胞中，而是极迅速地转化为有机含氮化合物（酰胺形式），成为 NH_3 的暂时储藏所，以解除氨的毒害。酰胺主要包括天冬酰胺和谷氨酰胺，在体内保留或进行运转，在天冬酰胺酶（asparaginase）与谷氨酰胺酶（glutaminase）的作用下，酰胺又将 NH_3 释放出来，供合成新的氨基酸。

蛋白体是单层膜的球状体，在种子成熟时呈多角形，直径是 $1\sim22\mu m$，因植物种类而异。在种子萌发时，不溶性蛋白体成为片段、颗粒，最终溶解。通常若干个蛋白体集中形成液泡。

电子显微镜的观察结果，蛋白酶进入蛋白体后才能发动蛋白质水解过程。蛋白酶可在细胞的粗内质网上合成，然后注入泡囊中，并移至蛋白体。当泡囊与蛋白体融合时，便将蛋白酶释放到蛋白体中，实现储藏蛋白的水解。

四、储藏磷酸的转化

种子萌发时所进行的物质代谢和能量代谢都和含磷有机物质有密切关系，例如 DNA、RNA、ATP 以及构成质膜的卵磷脂等都含有磷素。在很多种子中，肌醇六磷酸（植酸）是一种主要的磷酸储藏物，并常与钾、钙、镁等元素结合，以磷酸形式存在，因此它既是储藏磷酸的主要形式，又是这些矿质元素的主要储藏形式。

肌醇六磷酸在肌醇六磷酸酶的作用下，释放出磷酸及肌醇。肌醇、果胶与某些多糖结合构成细胞壁，因而对种子萌发和幼苗生长是十分必要的。

种子萌发过程中储藏物质的分解、运输和重建过程，可以总结为图Ⅱ-5-2。

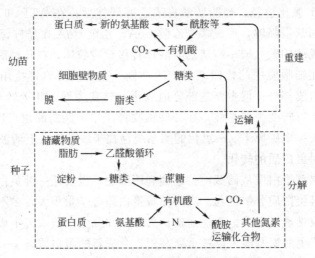

图Ⅱ-5-2　发芽种子中营养物质的转化过程

种子萌发经历从异养到自养的过程。种子萌发时只能利用种子内储藏的物质，还不能制造养分，这就是异养。因此，种子内储藏的养分越多，就越有利于幼胚的生长。在农业生产上，选取大而重的种子，就是这个道理。

参　考　文　献

[1] 武维华. 植物生理学. 北京：科学出版社，2008.
[2] 高俊凤. 植物生理学实验指导. 北京：高等教育出版社，2006.
[3] 李合生. 植物生理生化实验原理和技术. 北京：高等教育出版社，2000.
[4] 张志良，瞿伟菁主编. 植物生理学实验指导. 北京：中国农业出版社，2000.

（徐雅玲　编）

综合实训六　赤霉素打破种子休眠的效应

【实训目标】

1. 理解赤霉素的生理效应，了解赤霉素在生产上的应用。

2. 学习、掌握赤霉素打破植物种子休眠的原理和技术。

【实训内容】

1. 用不同浓度的赤霉素对小麦（或茄子、萝卜、苦瓜、黄瓜、洋葱等）进行处理。

2. 种子的催芽、温度和水分的管理及育苗。

3. 调查种子的发芽势和发芽率。

【考核指标】

1. 一般方案设计与准备（占总成绩的20%）

设计方案的思路是否清晰、方法是否正确，试材和实验准备是否充分。

2. 基本操作和观察识别（占总成绩的60%）

考核学生用赤霉素进行种子处理、种子催芽、温度和水分管理及育苗管理是否认真、严谨；数据记载是否翔实，测定的数据误差大小，在理论上是否符合规律。

3. 实训报告（占总成绩的20%）

根据实训的内容来决定具体的考核指标。

通过对实验数据的收集和整理，查阅参考文献，撰写实训报告（或研究论文）。根据报告的质量和是否实事求是地综合分析问题等判定成绩。

［参考方案］　赤霉素打破种子休眠的效应

一、实训项目

赤霉素打破茄子种子休眠的技术。

二、实训目标

1. 学习用赤霉素处理，打破茄子种子休眠的调控技术。

2. 探索赤霉素影响茄子发芽的最适浓度和处理方法。

3. 根据赤霉素的生理作用，调查和统计茄子种子发芽的主要指标。

三、实训材料与仪器设备（包括主要用品）

(1) 实训材料　茄子种子。

(2) 仪器设备　烧杯、镊子、培养皿、培养箱、育苗盘等。

(3) 主要试剂　GA_3、次氯酸钠。

四、技术路线

种子消毒 → 设计不同浓度的GA_3溶液处理小麦种子 → 催芽(设置不同温度处理) → 育苗

五、方法步骤

（1）种子消毒　挑选饱满健康的茄子种子，用饱和漂白粉溶液浸泡 15min，蒸馏水冲洗。

（2）种子处理　不同浓度的 GA_3 处理茄子种子，对照用蒸馏水处理种子。24h 后，取出种子放在垫有湿滤纸的培养皿中，在 30℃ 左右培养箱中培养（可以设置不同温度催芽）。

（3）播种　将催了芽（刚露白）的茄子与细沙混匀后撒播于装有土的育苗盘中，上面再覆盖一层土（约 1cm 即可）。

（4）调查统计　调查统计发芽势、发芽率和出苗率。

六、观测与收集的数据和方法

1. 不同浓度的处理对茄子种子发芽的影响（表Ⅱ-6-1）。

表Ⅱ-6-1　不同浓度 GA_3 处理茄子发芽影响

GA_3 浓度	发芽势/%	发芽率/%	出苗率/%
CK			
100mg/L			
200mg/L			

2. 不同温度处理对茄子种子发芽的影响（表Ⅱ-6-2）。

表Ⅱ-6-2　不同温度 GA_3 处理茄子发芽影响

温度	发芽势/%	发芽率/%	出苗率/%
恒温 20℃			
恒温 30℃			
变温（晚上 20℃ 白天 30℃）			

［相关资料］　种子休眠及解除方法概述

一、种子休眠的概念

种子休眠是指具有正常生活力的种子在适宜的环境条件（光照、温度、水分、氧气等）下不能萌发的现象。休眠是种子植物适应环境变化的重要特性，能使种子在最适合的时机发芽。进入休眠状态的种子所储藏的营养物质呈复杂的难溶状态，新陈代谢微弱，可在特定环境中长期处于有生命状态，因而对保持物种延续性有非常重要的意义。种子的休眠特性却成为育苗的重要障碍，尤其是具有生理休眠的种子，需要复杂或长时间的催芽过程方可萌发，给农林业生产造成一定程度的麻烦。所以，研究种子的休眠特性对于长期储存种子、科学破除休眠均有重要的意义。

二、种子休眠的原因

引起种子休眠的原因有两种：一种是生理休眠，通常种子本身未完全生理成熟或存在着发芽的障碍，在给予适当的发芽条件时仍不能萌发；另一种是强迫休眠，种子已具备发芽的能力，但由于不具备发芽所必需的基本条件（温度、光照、水分、养分等），使种子被迫处于休眠状态。

1. 生理休眠

（1）胚休眠　种子形态上已成熟，但种胚尚未发育完全，或者种子中存在代谢缺陷尚未完全后熟而引起的休眠。

（2）存在的抑制物引起的休眠　由于种皮、果皮、胚或胚乳中所分离出的内源抑制物质，在种子生理代谢过程中产生阻碍种子吸水、抑制呼吸、抑制酶活性、改变渗透压、阻碍胚的生长等现象而引起的休眠。

（3）光休眠　具有正常生活力的种子，由于光照（可见光或红光）或黑暗等不适宜条件而不能正常萌发，即称为光休眠或者暗休眠。

2. 强迫休眠

（1）种皮障碍休眠　由于种皮不透气、不透水、阻碍抑制物质逸出、减少光线到达胚部或种皮的机械束缚所引起的休眠。

（2）不良条件引起的休眠　由于存在光或暗、高温或低温、水分过多或干燥、缺乏氧气等不良环境条件，种子在自然状态下难以萌发，从而迫使种子处于休眠状态。已经处于能够萌发状态的种子在不适宜的条件下重新进入休眠、使不休眠的种子发生休眠或部分休眠，即产生二次休眠现象。

三、种子休眠的机理

1. 种子休眠与萌发过程中的物质代谢

Khan 等认为，种子休眠的解除和呼吸途径有关。除了糖酵解（EMP）和三羧酸循环（TCA）两种常规的呼吸代谢途径外，处于解除休眠及萌发过程中的种子，还存在磷酸戊糖途径（PPP）。当种子呼吸途径转为 PPP 时，意味着种子由休眠向萌发状态转变。这在休眠和不休眠燕麦种子和西洋参种子萌发研究中均得到了验证，即呼吸代谢途径由 EMP/TCA 转向 PPP。因三大代谢途径涉及多种酶和相关的储藏物质，所以研究种子休眠与萌发过程中内部酶活性的变化和储藏物质的水解过程，更有助于种子休眠机理的研究。蛋白质、淀粉、脂肪等主要储藏物质是种子萌发生长的营养物质和幼苗早期生长的能量来源。种子萌发时储藏蛋白质通常被蛋白酶降解成氨基酸。在大部分豆科植物、银杏、玉米等植物种子的研究中，发现种子休眠解除及萌发的过程中，有蛋白酶、肽酶、硝酸还原酶等多种酶的参与，它们相互作用且活性各异，共同影响着蛋白质的降解，为种子提供氮源。种子中储藏的淀粉在淀粉酶的催化作用下水解成葡萄糖，而脂肪在脂肪酶的催化作用下则生成脂肪酸和甘油。当种子从休眠状态进入吸胀萌动阶段时，首先将胚部或胚轴中的可溶性糖、氨基酸以及少量的储藏蛋白用于生长，而后在相关代谢酶的催化下将储藏物质分解成可溶性的小分子物质，并输送到胚的生长部位。如阿月浑子（别名开心果）种子萌发过程中种子的干重、粗脂肪及储藏蛋白的含量在子叶中均下降，而在幼苗胚轴中则有所上升，可溶性糖的含量先下降后上升，说明储藏物质变化总趋势是从子叶进入幼苗胚轴中心。青钱柳种子层积过程中主要储藏物质粗脂肪、淀粉、可溶性蛋白的含量均下降，可溶性糖的含量不断增加，而相应的脂肪酶、淀粉酶和蛋白酶活性都有不同程度的增加。说明在层积过程中储藏物质不断地被相应的水解酶分解代谢，为萌发做物质动员。

2. 种子休眠与萌发过程中的激素平衡

1975 年，Khan 提出种子的休眠与萌发受三因子调节，即萌发促进物赤霉素（GA）、细胞分裂素（CTK）和萌发抑制物脱落酸（ABA）之间的相互作用决定种子的休眠与萌发，不同激素状况对应着不同的生理状态。三因子学说（又称激素调控学说）认为，抑制物可抵消促进细胞分裂和生长发育的激素的作用；而且还认为导致种子休眠不仅是由于抑制物质的存在，也可能是由于缺乏赤霉素和细胞分裂素，其中赤霉素为主要调节因子，只有当脱落酸存在时，细胞分裂素的存在才是必需的。也有实验研究表明，激动素（KT）本身并不能促进种子发芽，它仅能克服种子内部的发芽抑制物（脱落酸）的"抑制作用"，赤霉素才是解除休眠促进发芽的主要因子。之后进一步发展了促抑物之间作用的观点，提出了种子休眠的激素控制模式，认为种子休眠状态决定于内源抑制物与促进物的平衡，当两者的平衡趋于抑制时发生休眠。休眠种子需要外界条件刺激促进内源激素活化，然后在活化的激素作用下使潜在的酶系活化，最后全部代谢活性恢复，导致种子萌发。赵海珍根据层积处理期间水曲柳种子内源激素的动态变化也认为，种子内源促抑物之间的平衡决定了种子的休眠和萌发。

目前，内源激素研究最多的是赤霉素和脱落酸。脱落酸是生长抑制剂，它可诱导种子的休眠；赤霉素能够促进许多水解酶的活性，如能促进蛋白酶活化，使储藏蛋白水解，同时，还有利于种子萌发过程中的合成作用，以构建新的植物体。业已证明，赤霉素能够替代低温处理和光照打破种子休眠，这实际上是起到了解除脱落酸的作用，因此，有人认为二者的平衡关系是休眠的关键。王艳华等研究发现，在许多情况下，种子休眠并不是由于抑制物存在决定的，而是取决于萌发促进物和抑制物的相对水平。王家源等的实验结果也表明，用 GA 浸种和层积基质用 GA 浸拌等，可增加生长促进物赤霉素的含量，打破促进生长的激素与抑制生长的激素之间的平衡，从而促进青钱柳种子的萌发。在种子休眠机理的研究中发现，除赤霉素和脱落酸外，乙烯也能促进多种子萌发，并和其他激素共同作用调控种子的休眠与萌发。但是研究中使用的材料都是不需要低温处理的种子，对于需要低温处理打破休眠的种子，乙烯是不起作用的。总之，植物种子中多种激素共同作用，相互影响，共同调节着种子内部的生理、生化及遗传变异过程，进而影响着种子的休眠和萌发。

3. 环境因素对种子休眠的影响

一般来说，种子休眠是不同生态型或种源对外界的重要适应性对策，环境因素也影响种子的休眠。如未休眠的苍耳离体胚置于潮湿的黏土或其他低氧条件下会发生休眠；低浓度的氧气也诱导非休眠苹果种子的胚休眠。这些已解除休眠且吸足水分的种子在不适的环境放置过久后，再移到原本适宜发芽的环境下，却不再能萌发，又进入休眠状态，这种因环境而导致的休眠称为次生休眠。许多有休眠性的种子，休眠性被解除后，由于加工储藏过程中因干燥过度，或发芽条件处理不当、温度过高等，皆有可能造成次生休眠。

4. 基因因素对种子休眠的调控

有学者认为，休眠期间的植物器官进行着核酸代谢，并认为休眠是由于 DNA 活性下降或受到抑制，或是由于蛋白质合成过程中 RNA 活性下降或受到抑制，并且还推论器官休眠至少是缺乏某种 mRNA。田义新等的实验表明，处于休眠期的人参种子中存在 RNA 代谢，并证明了休眠期间 RNA 呈分解状态，最后提出打破休眠的关键在于解除 DNA 合成中某种特定 mRNA 的抑制。杨孝汉等发现，玉兰种子在休眠解除初期，蛋白质合成是由种子预存的 mRNA 翻译进行的，即种子休眠的解除在早期受到翻译水平的抑制，以后新 RNA 合成产生，标志着转录水平开始参与休眠的调节。这些研究在基因水平上揭示了种子休眠与萌发的机理，是今后研究的趋势。

四、种子休眠的打破

1. 物理方法

（1）机械处理 对于硬实性种子或者种皮透性差而引起休眠的种子，可采用摩擦、夹裂等机械处理方法破坏种皮，以解除种子休眠。许桂芳等对红蓼进行剪口处理，使种子的萌发力从 6.0% 提高到 82.0%；紫云英种子的休眠是典型的种子硬实休眠，用浓硫酸酸蚀辅以物理摩擦配套措施对解除紫云英种子休眠效果好；栝楼种皮所引起休眠的物理原因源于其机械阻碍，与其透水性和透气性无关，机械破皮方法可有效提高栝楼种子萌发率；当在种皮上打孔或除去种皮时，拟南芥、欧洲桦等种子即解除休眠。

（2）温度处理　高温干燥处理和适当的低温冷冻处理能增加种壳的透性，促进种子新陈代谢，从而打破由于种壳透性引起的休眠；变温处理可以有效破除未经过生理休眠和存在硬实的种子的休眠，对许多禾草、花卉，尤其是野生植物种子，特别有效。滇青冈种子经40℃处理，发芽率从18.0%提高到74.5%；凤仙花随干藏天数的增加，萌发加速，萌发率提高；厚荚相思用沸水处理5min可以把萌发率从0%提高到62.2%；连香树种子经过50℃温水预处理15min，能有效促进种子萌发。

（3）层积　层积是常用的有效打破种子休眠的方法，尤其对因含萌发抑制物质而形成生理休眠的种子效果显著。层积处理可以促使胚形态发育成熟。激素含量发生变化，抑制物质降解，大分子物质转化成小分子物质，提高一些酶的活力，促进有关基因的表达，种皮透性增强以及使胚对脱落酸的敏感性降低等。常用的层积有变温层积和恒温层积，变温层积通常模拟休眠种子的自然环境条件。应根据不同的种子采用不同的层积方式，南方红豆杉种子先高温后低温的变温层积能有效缩短种子休眠周期；忍冬科琼花种子须先经4℃低温层积60d，再经25℃暖温处理90d，而后在较低温（15℃）条件下才能有效解除休眠而萌发；而伞形科水芹种子休眠的打破需要暖层积；楠木种子层积过程中发芽抑制物质含量逐渐降低，抑制作用减弱，休眠逐步解除，常温层积效果更明显，常温层积90d能完全解除楠木种子的休眠，发芽率可达80.0%以上；不同起源的各类葡萄种子的休眠类型均为生理休眠，5℃冷层积能够有效或部分解除它们的种子休眠。

（4）射线、超声波处理和光照处理　适度X射线、γ射线照射、超声波处理或是不同光照处理同样具有促进种子萌发的作用。徐秀梅等对马蔺种子以适当的^{60}Co γ射线辐照能显著提高种子的萌发率；徐盛春等用频率40kHz，功率60W的超声波处理丝瓜种子10min，显著提高种子的发芽率；超声波处理60min的美洲商陆种子发芽率为（43.33±7.37）%，极显著高于未经处理（0.67±0.58）%的种子发芽率，胚根长也明显高于未经处理组；臭椿种子对光照有特殊需求，经过激素处理的种子，置于最适温度下，全光照处理种子不能萌发，全暗处理种子萌发率可达50.0%以上，自然光暗交替处理萌发率达89.0%，为臭椿种子萌发最适合的光照条件。

2. 化学方法

（1）激素处理　通过赤霉素、细胞分裂素、乙烯、萘乙酸、吲哚乙酸等植物激素处理，能有效缩短和打破由于脱落酸（ABA）等植物萌发抑制物造成的种子休眠。赤霉素对打破川西獐牙菜种子的休眠具有重要作用；华盖木种子不同部位都不同程度地含有发芽抑制物质，GA_3处理可以解除其种子休眠，促进萌发。

（2）无机化学药剂处理　浓硫酸、硝酸、盐酸、高锰酸钾和过氧化物等能有效改变种壳的透性，打破某些由于种壳引起的休眠。胡小文等对9种常见豆科植物种的适宜休眠破除条件进行了探索，结果表明，硫酸休眠破除效果最好；周颂东等用30%H_2O_2浸种30min处理播娘蒿种子可迅速打破休眠，且破眠率高达93%；用10%或20%的氢氧化钠浸种4～10h，异穗苔草种子的发芽率提高到90.0%以上，而用98.0%浓硫酸浸种20～30min，异穗苔草和砾苔草的发芽率都达到了88.0%；黄碧琦等用体积分数为11%的HCl和51%的H_2O_2处理茄子种子，可以将茄子种子的萌发率从33.0%提高到90.0%以上；0.5%KNO_3

浸种显著促进桔梗种子萌发，可有效解除种子休眠。

（3）有机化学药剂处理　一定浓度的丙酮、硫脲、PEG（聚乙二醇）溶液、PVA（聚乙烯醇）等有机化学溶剂处理某些种子可破除休眠。例如，用30%的PEG溶液处理羊草种子24h，可显著提高其发芽率。

3. 综合方法

有的种子的休眠由多种因素造成，因此应采取2种以上的方法来打破休眠，也可使用多种方法来加速休眠的解除。南川升麻休眠种子用0.1g/L GA$_3$处理7d后，在低温（1～5℃）湿润条件下存放约90d，萌发率可达70.0%以上；低温层积是解除八棱海棠种子休眠的有效方法，层积80d后即可解除种子休眠，但赤霉素溶液浸泡后，再低温层积可显著缩短层积时间；东北刺人参种子需要先温暖层积以完成胚的分化与生长，然后转入低温层积完成生理后熟。

参 考 文 献

[1]　杨期和，叶万辉，宋松泉等. 植物种子休眠的原因及休眠的多形性. 西北植物学报，2003，23（5）：837-843.

[2]　潘琳，徐程扬. 种子休眠与萌发过程的生理调控机理. 种子，2010，29（6）：42-47.

[3]　黄丹，许岳香，胡海波. 植物种子休眠原因与机理的研究进展（综述）. 亚热带植物科学，2010，39（2）：78-83.

[4]　Khan A A. Primary, preventive and permissive role of hormones in plant systems. Bot Rev, 1975, 41: 391-420.

[5]　杨玉珍，李生平，吴青霞等. 银杏种子萌发过程中蛋白质及3种氮代谢酶活性的变化. 南京林业大学学报：自然科学版，2006，30（4）：119-122.

[6]　何利平. 刺楸种子休眠原因及解除休眠的研究. 山西林业科技，2003，4：22-24.

[7]　Gianinctti A, Vernieri P. On the role of abscisic acid in seed dormancy of red rice. Journal of Experimental Botany, 2007, 58 (12): 3449-3462.

[8]　孙红阳. 水曲柳种子的萌发与次生休眠解除过程中物质转化的研究：[硕士论文]. 哈尔滨：东北林业大学，2007.

[9]　张鹏. 白蜡树属树种种子休眠及其萌发的调控. 植物生理学通讯，2006，42（2）：354-358.

[10]　赵昕等. 两种结缕草种子休眠及萌发特性. 西北植物学报，2003，23（11）：2003-2006.

（叶珍　编）

综合实训七 配方施肥设计与实施

【实训目标】

1. 掌握配方施肥的内容与基本原理。
2. 通过实训了解配方施肥的基本方法。
3. 通过实训能进行常规作物配方施肥的设计与实施。

【实训内容】

1. 查阅土壤类型、肥力状况、前作产量等相关资料，经实地考察，确定作物的目标产量。
2. 根据有机肥施用量、作物需肥量、肥料利用率、肥料中养分元素的含量及土壤供肥能力，计算某种肥料的施用量。
3. 肥料的选配、田间试验的实施。
4. 田间作物生长性状观察。

【考核指标】

1. 目标产量的确定（占总成绩的 20%）

查阅的相关资料是否翔实完备，确定的作物目标产量是否合理。

2. 肥料的施用量的计算（占总成绩的 30%）

有机肥施用量与化肥量的折算关系是否正确，土壤供肥能力的确定方法是否正确，作物需肥量、肥料利用率的确定是否合理，肥料施用量的计算是否正确。

3. 肥料的选配、田间试验的实施（占总成绩的 20%）

肥料的选配是否合理，施用方式（基肥、追肥）及时期是否合理，田间管理及观察记载是否到位。

4. 实训报告（占总成绩的 30%）

通过对田间试验的观察记载，将有效数据进行科学的整理及分析，查阅其他相类似的试验材料，得出试验结果，并完成实训报告的撰写。根据肥料配方的合理性、观察记载数据的翔实程度、数据分析的科学性及结果的正确程度判定成绩。

[参考方案] 农作物的配方施肥

一、实训项目

玉米的配方施肥技术。

二、实训目标

1. 掌握玉米目标产量的确定方法。
2. 掌握土壤养分供应量的计算方法。
3. 掌握施肥供应养分的计算。

三、实训材料

选择适合田块，分成相等两块，一块常规施肥；另一块配方施肥。肥料有尿素、过磷酸钙、氯化钾、有机肥料（知道氮、磷、钾含量）等。玉米种子。

四、方法步骤

（1）玉米目标产量的确定　查阅资料，实地调查考察，一般在当地前三年产量的平均值基础上，增加10％左右作为目标产量。如当地玉米前三年亩产的平均值为550kg，则目标产量可定为600kg。

（2）玉米需肥量的计算　根据目标产量与玉米100kg产量需肥量（表Ⅱ-7-1），计算玉米目标产量需肥量。

$$玉米目标产量需肥量(kg) = \frac{目标产量(kg)}{100(kg)} \times 玉米100kg产量需肥量(kg)$$

（3）土壤供肥量的确定　应用地力差减法确定土壤供肥。

$$土壤供肥量(kg/亩) = \frac{空白产量(kg)}{100(kg)} \times 玉米100kg产量需肥量(kg)$$

空白产量指没有施肥的作物产量。

（4）有机肥料与无机肥的换算　应用养分差减法确定换算数量。在掌握有机肥养分含量和有机肥料利用率（主要指氮素利用率，磷和钾一般认为100％利用）情况下进行计算，然后从玉米需肥量中减去有机肥能利用部分，即可求化肥的施用量。

$$有机肥料供肥量(kg/亩) = 有机肥料用量(kg/亩) \times 有机肥料养分含量(\%)$$

$$\times 有机肥料当季利用率(\%)$$

（5）施肥量的确定

$$施肥量(kg/亩) = \frac{目标产量需肥量(kg/亩) - 土壤供肥量(kg/亩) - 有机肥供肥量(kg/亩)}{肥料中养分含量(\%) \times 肥料当季利用率(\%)}$$

（6）肥料的选配与田间试验的实施　氮肥一般选用尿素，磷肥可选用过磷酸钙，钾肥可选用氯化钾。基肥与追肥的比例一般6∶4施用。

（7）生物性状测定　植株的株高、茎粗、穗长、穗粗和产量等生物性状反映了氮肥用量与植物生长状况的关系。其中，株高和茎粗是植株苗期生长发育状况的主要指标；穗长、穗粗、百粒重、产量是植株成熟期的主要指标。

五、观测与收集的数据和方法

1. 施肥供应养分量计算方法（表Ⅱ-7-1）。

表Ⅱ-7-1　施肥量计算表

养分种类	N/kg	P₂O₅/kg	K₂O/kg
目标产量需肥量			
土壤供肥量			
有机肥供肥量			
施肥量			

2. 施肥计划（表Ⅱ-7-2）。

表Ⅱ-7-2　施肥量、种类和施肥时期

基肥、追肥配比		肥料名称	肥料量/kg	养分含量/%			施肥时期	施肥方法
				N	P_2O_5	K_2O		
基肥60%	N							
	P_2O_5							
	K_2O							
追肥40%								

六、田间实施

（1）土地耕作与玉米移栽　耕作平整，移苗大小一致。

（2）田间管理　玉米施肥按施肥计划表进行，其余管理与农民常规管理相同。

七、观察记载

1. 玉米生长性状（表Ⅱ-7-3）。

表Ⅱ-7-3　施肥方式对玉米生长和产量影响

施肥方式	株高/cm	茎粗/cm	穗粗/cm	穗长/cm	穗粒数	百粒重/kg	产量/(kg/亩)
常规施肥							
配方施肥							

2. 数据分析及实训报告撰写（或研究型论文）。

［相关资料］　测土配方施肥基础知识

测土配方施肥是我国施肥技术的一项重大改革，这一技术的推广应用，标志着我国农业生产中科学计量施肥的开始。自该项技术推广以来，已收到明显的经济效益、生产效益和社会效益，达到了提高农产品质量，降低生产成本和增加农民收入的目的。

一、测土配方施肥的概念

根据农业部制定的测土配方施肥规范，测土配方施肥是以肥料田间试验和土壤测试为基础，根据作物需肥规律、土壤供肥性能和肥料效应，在合理施用有机肥料的基础上，提出氮、磷、钾及中、微量元素等肥料的施用品种、数量、施用时期和施用方法。具体包括三个过程：一是对土壤中的有效养分进行测试，了解土壤养分含量的状况，这就是测土；二是根据要种植的作物预计要达到的产量（目标产量）、这种作物的需肥规律及土壤养分状况，计算出需要的各种肥料及用量，这就是配方；三是把所需的各种肥料进行合理安排，做基肥、种肥和追肥及施用比例和施用技术，这就是施肥。

二、测土配方施肥的作用及意义

1. 提高土壤肥力，增加作物产量，增强作物品质

通过土壤养分测定，根据作物的需肥规律，正确确定施用肥料的种类和用量，不仅能不断改善土壤供肥状况，使作物获得持续稳定的增产，而且能明显改善产品品质。大量的研究和实践表明，测土配方施肥能提高果蔬中的维生素 C 含量及其他营养物质含量，降低蔬菜

硝酸盐含量。

2. 提高化肥利用率，降低农业生产成本，增加农民收入

肥料在农业生产资料的投入中约占 50%，但是施入土壤的化学肥料大部分不能被作物完全吸收，目前我国每年化肥利用率平均仅为 30%，氮肥为 20%～45%，磷肥为 10%～25%，钾肥为 25%～45%。导致化肥利用率偏低的原因很多，但施肥量和施肥比例不合理，是其中的主要因素。通过开展测土配方施肥，可以合理确定施肥量和肥料中各营养元素比例，有效提高化肥利用率，对进一步提高农业生产的效益至关重要。

3. 节约资源，实现农业可持续发展

采用测土配方施肥技术，提高肥料的利用率，是构建节约型社会的具体体现。据测算，如果氮肥利用率提高 10%，则可以节约 2.5 亿立方米的天然气或节约 375 万吨的原煤。在能源和资源极其紧缺的时代，进行测土配方施肥具有非常重要的现实意义。

4. 减少污染，保护农业生态环境

不合理的施肥会造成肥料的大量浪费，不仅造成大量原料和能源的浪费，而且未被吸收利用的肥料进入环境中会造成生态环境的大面积污染，如氮、磷的大量流失可造成水体的富营养化。因此，使施入土壤中的化学肥料尽可能多地被作物吸收，尽可能减少在环境中滞留，对保护农业生态环境也是有益的。

三、测土配方施肥的实施

测土配方施肥涉及面比较广，是一个系统工程。整个实施过程需要农业教育、科研、技术推广等各部门和广大农民相结合；配方肥料的研制、销售、应用、推广相结合；现代先进技术与传统实践经验相结合，具有明显的系列化操作、产业化服务的特点。测土配方施肥具体需要以下五个程序：

1. 测土

（1）采集土样　土样采集一般在秋收后进行，采样的原则：地点选择以及采集的土壤都要有代表性。采集土样是平衡施肥的基础，如果取样不具有代表性，就从根本上失去了平衡施肥的科学性。为了了解作物生长期内土壤耕层中养分供应状况，取样深度一般在 20cm，如果种植作物根系较长，可以适当加深土层。

取样一般要根据实际情况而定，如果地块面积大、肥力相近的，取样代表面积可以放大一些；如果是坡耕地或地块零星、肥力变化大的，取样代表面积也可小一些。取样可采用随机取样的方式，按土层均匀取土。然后，将采得的各点土样混匀，用四分法逐项减少样品数量，最后留 1kg 左右即可。取得的土样装入样品袋中，袋的内外都要挂放标签，标明取样地点、日期、采样人及分析的有关内容。

（2）土壤测定　土壤测定就是通过农业和科研部门的化验室对土壤的各项指标进行分析化验。通常采用的是五项基础化验，即碱解氮、速效磷、速效钾、有机质和 pH 值。也可根据需要有针对性地化验中、微量营养元素。土壤化验要准确、及时。

2. 配方、配肥

由农业专家和专业农业科技人员通过分析研究有关技术数据资料，科学确定肥料配方。首先要由农户提供地块种植的作物，以及其规划的产量指标。农业科技人员根据一定产量指标的农作物需肥量、土壤的供肥量，以及不同肥料的当季利用率，选定肥料配比和施肥量。这个肥料配方应按测试地块落实到农户。按户按作物开方，以便农户按方买肥，"对症下药"。

3. 科学施肥

配方肥料大多是作为底肥一次性施用。要掌握好施肥深度，控制好肥料与种子的距离，尽可能有效满足作物苗期和生长发育中、后期对肥料的需要。用作追肥的肥料，更要适时、适量、适地地合理进行。

4. 田间科学管理、监测

平衡施肥是一个动态管理的过程。使用配方肥料之后，要详细观察记录农作物生长发育的过程及收成结果，并且及时反馈到专家和技术咨询系统，作为调整修订平衡施肥配方的重要依据。

5. 修订完善配方

按照测土得来的数据和田间监测的情况，由农业专家组和专业农业科技咨询组共同分析研究，修改完善肥料配方，使平衡施肥的技术措施更切合实际，更具有科学性。

参 考 文 献

[1]　鲁剑巍．测土配方与作物配方施肥技术．北京：金盾出版社，2006.
[2]　石伟勇．植物营养诊断与施肥．北京：中国农业出版社，2005.
[3]　邹良栋．植物生长与环境．北京：高等教育出版社，2004.

（张树生　宋建利　编）

综合实训八 植物生长延缓剂对植物生长的影响

【实训目标】

1. 学习掌握植物生长延缓剂影响植物生长发育的基本原理和研究技术。
2. 通过实训加深对植物生长延缓剂调控植物生长理论的理解。
3. 探索植物生长延缓剂影响植物生长发育的最适浓度和处理方法。

【实训内容】

1. 用不同浓度的植物生长延缓剂（如 PP_{333}）对小麦（或水稻、玉米）种子进行处理。
2. 种子的发芽、幼苗的生长的管理。
3. 对植株进行相关形态指标和生理指标的测定。

【考核指标】

1. 方案设计与准备（占总成绩的 20%）

设计方案的思路是否清晰，方法是否正确，试材和实验准备是否充分。

2. 基本操作（占总成绩的 60%）

考核学生用生长延缓剂进行种子处理、相关形态和生理指标测定的操作是否认真、严谨；测定的数据误差大小，在理论上是否符合规律，数据记载是否翔实。

3. 实训报告（占总成绩的 20%）

通过对实验数据的收集和整理，查阅参考文献，撰写实训报告（或研究论文）。根据报告的质量和是否实事求是地综合分析问题等判定成绩。

［参考方案］ 生长延缓剂 PP_{333} 对植物生长发育的影响

一、实训项目

PP_{333} 对小麦生长发育的影响。

二、实训目标

1. 学习植物生长延缓剂（PP_{333}）对植物生长调控的技术。
2. 探索 PP_{333} 影响植物生长发育的最适浓度和处理方法。
3. 根据 PP_{333} 的生理作用，确定相关形态和生理指标的测定。

三、实训材料与仪器设备

（1）实训材料 小麦种子（或水稻、玉米）。

（2）仪器设备 培养瓶、吸管（10mL、1mL），研钵、烧杯、镊子、记号笔、分光光度计、电导仪、冰箱等。

（3）试剂 PP_{333}、乙醇、大量元素、微量元素、琼脂等。

四、技术路线

不同浓度的PP₃₃₃ 处理种子 → 播种在1/2MS 培养基上或营养钵中 → 测定形态和 生理指标

五、方法步骤

（1）种子消毒　挑选饱满健康的种子，用饱和漂白粉溶液浸泡 10min，蒸馏水冲洗。

（2）种子处理　不同浓度的 PP₃₃₃ 处理小麦种子，对照用蒸馏水处理种子。

（3）播种　每处理在装有 1/2MS 培养基的瓶（编号）中均匀播 20 粒左右种子（或播种在装有基质的营养钵中），培养 15d 左右（期间观察植物形态特征）。

（4）形态指标测定（表Ⅱ-8-1）　取生长 15d 左右的小麦植株进行形态指标测定，每处理测定 10 株。

（5）叶绿素含量的测定　每处理称取叶片 0.1g，用分光光度法测定叶绿素含量。具体测定方法参见第一篇第三章相关实训内容。

（6）电导率测定　将每种处理的小麦叶片在 −20℃冰箱冷冻 2h 左右（或高温 40℃处理 2h 左右），分别测定叶片的电导率。具体测定方法参见第一篇第十一章相关实训内容。

六、观测与收集的数据和方法

1. 不同浓度 PP₃₃₃ 处理的小麦形态指标表（表Ⅱ-8-1）。

表Ⅱ-8-1　不同浓度 PP₃₃₃ 处理小麦形态指标

处理	发芽率%	株高	叶片数/株	根数/株	主根长	叶色
CK						
100mg/L						
200mg/L						
400mg/L						

2. 不同浓度 PP₃₃₃ 处理的小麦生理指标表（表Ⅱ-8-2）。

表Ⅱ-8-2　不同浓度 PP₃₃₃ 处理小麦生理指标

处理	叶绿素的吸光度值	叶绿素的浓度	电导率/(S/m)
CK			
100mg/L			
200mg/L			
400mg/L			

3. 分析上述数据写出实训报告（或研究型论文）。

［相关资料］　植物生长延缓剂对植物生长发育的调控

一、植物生长延缓剂的定义和种类

1. 定义

20 世纪 60 年代，植物生理学家发现，某些人工合成的有机化合物可使植物的茎枝延缓生长，叶色深绿，间接影响开花，但不引起植物畸形，人们把这类化合物统称为植物生长延缓剂。

2. 植物生长延缓剂的种类

（1）矮壮素（CCC）　　属胆碱的衍生物，化学名称为氯化氯代胆碱或 2-氯乙基三甲基氯化铵，分子式为 $C_5H_{13}NCl_2$，相对分子质量为 158.1。易溶于水。在中性或酸性介质中稳定，遇碱易分解失效，不可与碱性农药混用。CCC 抑制 GA（赤霉素）的生物合成（抑制贝壳杉烯以后的转变过程），因此能抑制细胞伸长但不抑制细胞分裂，抑制茎叶生长而不抑制生殖器官发育。CCC 促使植株矮化，茎秆粗壮，叶色深绿，提高抗旱、抗盐和抗倒伏的能力。由于不易被土壤固定或土壤微生物分解，所以土施效果较好。在生产上多用于小麦、棉花，防止徒长和倒伏，药效期较短。

（2）缩节安（Pix）　又名助壮素，分子式为 $C_7H_{18}NCl$，相对分子质量为 149.7。易溶于水，微溶于乙醇。Pix 抑制 GA 的生物合成，抑制细胞伸长，促进节间缩短，提高同化能力，促进成熟，增加产量。生产上用于防止小麦倒伏和棉花徒长，尤其对棉花有早熟、增产和改善品质的作用。

（3）比久（B_9）　　化学名称为 N-二甲氨基琥珀胺酸，分子式为 $C_6H_{12}O_3N_2$，相对分子质量为 160。在 25℃下的溶解度：水为 10%、甲醇为 5%、丙酮为 2.5%，不溶于二甲苯。B_9 在土壤中稳定，残效期 1～2 年，易被土壤固定或土壤微生物分解，通常不作土施。B_9 在植物体内稳定，抑制 GA 的合成与运输，可使植株矮化，叶片增厚，叶色浓绿，抗性提高。B_9 用于果树可抑制新梢生长，促进花芽分化，防止采前落果，增加果实着色。此外，B_9 还能提高花生、大豆的产量。

（4）多效唑（PP_{333}）　又叫氯丁唑，分子式为 $C_{15}H_{20}ON_3Cl$，相对分子质量为 293.5。溶解度：水为 35mg/kg、甲醇为 35%、丙酮为 11%。PP_{333} 抑制 GA 的生物合成（抑制贝壳杉烯或其后的较短氧化过程），减缓细胞的分裂与伸长，使茎秆粗壮，叶色浓绿，还有抑菌作用（又是杀菌剂）。PP_{333} 对多种作物具有广谱性的作用，对果树可减少营养生长，用于水稻育苗防止后期徒长，用于大豆增加分枝。由于抑制根尖生长，使根尖多呈棒槌状，影响根系发育。

（5）烯效唑（S-3307）　　又叫优康唑或高效唑，分子式为 $C_{15}H_{18}ON_3Cl$，相对分子质量为 291.5。S-3307 微溶于水（24℃下溶解度为 14.3mg/L），易溶于甲醇、丙酮、氯仿、乙酸乙酯等有机溶剂。S-3307 能抑制 GA 的生物合成，其抑制细胞伸长的作用比多效唑更为强烈，具有矮化植株，抗倒伏增产，防除杂草及杀菌（黑粉菌、青霉菌等）作用。

（6）粉锈宁　又称三唑酮，分子式为 $C_{14}H_{16}O_2N_3Cl$，相对分子质量为 293.6。微溶于水（24℃下溶解度为 70mg/L），易溶于氯仿和甲苯（24℃下溶解度大于 200g/L）。粉锈宁是低毒杀菌剂，兼具植物生长延缓剂作用，能延缓花生、菜豆、水稻、麦类的生长，增加叶片厚度，提高抗性，增加产量。

二、植物生长延缓剂的作用

1. 延缓细胞的分裂与扩大

植物生长延缓剂的主要作用部位是亚顶端区域的细胞。通常，可使该区细胞的有丝分裂周期延长，即减慢细胞的分裂速度。例如，用 CCC 处理蚕豆根尖，可延迟该部位细胞有丝分裂过程的前期和中期，同时还延缓这些细胞的伸长。

2. 促进茎部短粗

由于植物生长延缓剂能够延缓茎顶端细胞分裂与伸长的进程，所以导致茎生长慢，植株矮，这是植物生长延缓剂的第一个明显生理效应。因此，有人称植物生长延缓剂为"矮化剂"。例如，用 2000mg/L B_9 溶液处理花针期的花生植株，2～3d 后即矮于对照组，20～

30d 后其高度为对照组的 $70\%\sim80\%$。B_9 使植株矮化的原因在于，使亚顶端区分生组织细胞的层数减少（仅 $3\sim4$ 层），排列紧密；而对照组细胞层数较多（$7\sim8$ 层），并呈带状排列，各层之间存在着明显的间隙。PP_{333} 对果树有明显的控冠作用，在抑制生长上主要表现在节间缩短。

3. 促进叶片加厚

这是植物生长延缓剂的第二个明显生理效应。用 PP_{333} 处理果树，不仅使新生的叶片加厚，而且对已充分展开的成熟叶片亦有加厚的影响。试验表明，B_9 可使花生叶片增厚 $10\%\sim20\%$，同化组织层数增多，而且排列紧密，维管束外围的机械组织较发达。

4. 促使叶色深绿

这是植物生长延缓剂的第三个明显生理效应。试验结果表明，用 B_9 处理花生，CCC 处理小麦，PP_{333} 处理马铃薯、甜菜等，均能提高叶绿素的含量，其幅度在 $10\%\sim20\%$。其中，效果最明显的是 PP_{333}。

5. 提高植物抗性

这是植物生长延缓剂的第四个明显生理效应。由于植物生长延缓剂可延缓细胞生长，促使细胞体积变小，细胞壁增厚，代谢缓慢，细胞汁液中可溶性物质（如糖类、蛋白质类、氨基酸类）含量提高。因此，有助于提高植物对不良环境的耐受能力或抵抗能力（即抗性）。例如，可提高植物的抗旱力（B_9，CCC 对菊花，PP_{333} 对樱桃、甜菜、西葫芦）、抗寒力（PP_{333} 对甜菜）、抗盐力（B_9，CCC 对小麦和大豆）、抗大气污染力（B_9，CCC 和 PP_{333} 对果树、林木等）。

三、生产应用中的注意事项

由于植物生长延缓剂种类繁多，且对于不同植物施药效果差异较大，使用时应注意以下事项：

1. 植物生长延缓剂类物质一般都其有多重功能，除有延缓植物生长的作用外，有很多种类兼具杀菌、杀虫和除杂草多方面的功用，与其他除草剂、杀菌剂混施不当会产生药害，因此应根据具体种植目的制定合理的混施方案。

2. 浓度的高低对矮化效果和产品的质量有很大的影响。对不同植物极品中各延缓剂的响应方式不同。大面积使用植物生长延缓剂前应做小面积试验以确定最佳浓度及配比，避免药害的发生。

3. 施药后的环境（如土壤水分、湿度、季节）对延缓剂效果的发挥有很重要的作用，有些延缓剂在秋季使用可能会没有效果，干旱情况下可能会产生严重的药害，应综合考虑各个条件。

4. 对于植物生长延缓剂的长期效果目前还研究得很少。植物生长延缓剂要大面积推广，必须要对它的综合效果加以正确评价，其中包括植物产品质量、经济效益、生态效益、安全性等问题。

参 考 文 献

[1]　潘瑞枳. 植物生长延缓剂的生化效应. 植物生理学报，1996，(6)：17-19.
[2]　王三根. 植物生长调节剂在蔬菜生产中的应用. 北京：金盾出版社，2003.
[3]　胡德玉. 植物生长调节剂在农业上的应用与研究进展. 江西农业科技，1995，(6)：15-17.
[4]　陶龙兴，王熹，黄效林等. 植物生长调节剂在农业中的应用及发展趋势. 浙江农业学报，2001，13(5)：322-326.

[5] 潘伟，张爽．植物生长调节剂在园艺植物上的应用．现代化农业，2005，(8)：43.

[6] 宫万祥，丁克友．植物生长调节剂在蔬菜上的使用技术及效果．上海蔬菜，2007，(4)：89-90.

[7] 杨秀荣，刘亦学，刘水芳等．植物生长调节剂及其研究和应用．天津农业科学，2007，13（1）：23-35.

[8] 金波，东惠茹，穆鼎等．B_9 促使菊花矮化机理的研究．园艺学报，1992，19（2）：171-174.

[9] 何瑞，刘艾平，曹玉广．植物生长调节剂使用中的安全问题．中国卫生监督杂志，2003，10（2）：99-101.

（叶珍　编）

综合实训九　多胺对鲜切花的保鲜效果观察

【实训目标】

1. 学习掌握鲜切花保鲜的基本原理和研究技术。

2. 通过实训加深多胺类化合物对鲜切花采后呼吸和开放的影响。

3. 通过实训掌握多胺保鲜液对促进鲜切花保鲜的方法和应用。

【实训内容】

1. 鲜切花采后保鲜液的配制。

2. 观察月季鲜切花使用亚精胺保鲜液后的效果。

【考核指标】

1. 方案设计与准备（占总成绩的 20%）

要求设计方案思路清晰、方法科学、操作可行；实验准备充分到位。

2. 基本操作（占总成绩的 50%）

要求实验操作认真、严谨；正确、规范使用仪器；按时观察，记录实验数据，数据记载翔实。

3. 实训报告（占总成绩的 30%）

通过观察记录实验数据，进行整理和分析，查阅参考文献，撰写实训报告（或研究论文）。

要求撰写实训报告（或研究论文）态度认真、字迹工整，能实事求是、科学综合地分析问题。

［参考方案］　亚精胺对鲜切花的保鲜效果观察

一、实训项目

亚精胺对月季鲜切花的保鲜效果观察。

二、实训目标

1. 学习亚精胺对月季鲜切花保鲜的技术和方法。

2. 学习月季鲜切花保鲜液的配制方法。

3. 探索亚精胺对月季鲜切花采后保鲜的影响。

三、实训材料与仪器设备

（1）材料　月季。

（2）仪器与设备　喷壶、量筒、烧杯、花枝剪、插花容器、标签纸、纯水、游标卡尺。

（3）试剂　亚精胺。

四、技术路线

五、方法步骤

第一步：配 0.1mmol/L 亚精胺。

第二步：配保鲜液。

① 实验组配方：2％蔗糖＋200mg/L 柠檬酸＋100mg/L 青霉素＋0.15％Ca(NO₃)₂＋0.1mmol/L 亚精胺

② 对照组配方：2％蔗糖＋200mg/L 柠檬酸＋100mg/L 青霉素＋0.15％Ca(NO₃)₂

第三步：把月季切花插入实验组配方的保鲜液，同时以插入对照组配方的保鲜液为对照。

第四步：每天观察记录月季开放和萎蔫情况，直至花谢。

六、观测与收集的数据和方法

1. 每天观察保鲜情况，并按表Ⅱ-9-1 记录实验数据。

表Ⅱ-9-1　亚精胺对月季鲜切花保鲜效果记录表

月季	花径大小/cm	花瓣焦边	花朵露心	花瓣脱落	水质混浊	水发臭、发黏
0d						
1d						
2d						
⋮						

2. 分析上述观察指标写出实训报告（或研究型论文）

[相关资料]　观赏植物保鲜剂处理技术

花卉产品与其他园艺产品的最大区别在于不作为食品，即以观赏为目的。因而，在不造成环境污染的前提下，可以通过茎秆基部吸收化学药剂（即保鲜剂），然后通过导管和管胞，运输到叶片和花朵，以此来调节整个植株的生理生化进程，达到人为调控的目的。观赏植物从生产者采收，到以后的集货、储藏、运输、批发、零售，直到消费者瓶插的各个环节中，如何使观赏植物的代谢能够人为调控，是采后生理和技术研究工作者研究的重要内容。而保鲜剂在观赏植物保鲜中起着非常重要的作用。

一、观赏植物保鲜剂的概念和种类

观赏植物保鲜剂是用以调节观赏植物（切叶）生理生化代谢，达到人为调节观赏植物开花和衰老进程、减少流通损耗、提高流通质量或观赏质量等目的的化学药剂。保鲜剂根据用途可以分为预处液、催花液和瓶插液。

1. 预处液

预处液又称脉冲液，第一次处理一般是在观赏植物采收后24h之内，即种植者在观赏植物采收后出售之前，或者是集货商从种植者手中集货后运输之前，结合复水进行短时间的处理。其效果一直可以延续到消费者将切花瓶插到水中为止，主要目的是减少储运等各个流通环节的损耗，提高流通质量，延长瓶插寿命。

2. 催花液

将蕾期采收的切花强制性地促进其开放的保鲜剂。催花液常用于：

① 气候冷凉的季节，开花进程缓慢，不能按照预定目标开花或开花进程相对缓慢；

② 为了获得预定产量和效益时；

③ 长期储藏或远距离、长时间运输后，花蕾难以开放时等场合。

3. 瓶插液

提高切花瓶插质量，延长瓶插寿命的保鲜剂。瓶插液常用于：零售店在切花出售之前，或者是消费者将其加入到插花的水中，连续使用，直至切花失去观赏价值。

由上述可见，观赏植物保鲜剂有三种类型，各自都有相应的用途。通常，预处液是根据不同观赏植物的特性进行研制的，一般都是专用的，不能混用。而瓶插液一般由花店或消费者使用，而这些花店或消费者瓶插的花量少，种类杂，所以瓶插液是针对观赏植物共性进行研制的，因此常常是通用的。

二、观赏植物保鲜剂的基本功能

观赏植物保鲜剂通常具备下述基本功能：

1. 调节植物体内的酸碱度

理论和实践证明，调节观赏植物导管至酸性或微酸性环境，有利于保护切口创伤部位不被微生物所侵染，一般要求 pH 值 3～4，目的是减少微生物的繁殖，增加保鲜剂在花茎中的流速。大多数保鲜剂配方中都含有一种酸用来降低 pH 值。

2. 拮抗衰老激素

通过调节激素之间的平衡来达到延缓衰老的目的是观赏植物保鲜剂的重要功能之一。如迄今为止研究比较深入的是植物衰老激素乙烯。切花通常可以分为跃变型和非跃变型两大类。

（1）跃变型观赏植物　如香石竹、满天星、补血草、风轮草、金鱼草、蝴蝶兰、紫罗兰、香豌豆等，概括来讲，兰科、抚子科（瞿麦科）、锦葵科、蔷薇科等的大多数植物，其衰老是花器本身产生的乙烯造成的。因此，在观赏植物流通实践中用乙烯吸收剂去除乙烯，使乙烯降到不起生理作用的水平；或者用乙烯生物合成抑制剂或乙烯作用抑制剂处理，在抑制乙烯生成的同时，延缓观赏植物的衰老进程。

（2）非跃变型切花　如菊花、唐菖蒲、石刁柏、千日红等，概括而言，百合科、菊科、溪孙科（菖蒲科）等，通常对乙烯不敏感。这类切花延缓衰老的关键技术措施不是降低乙烯生成量或抑制乙烯的作用，而是促进花朵充分开放，防止茎叶黄化等。此外，在观赏植物采后流通过程中，不可避免地会积累乙烯等有害气体，对观赏植物造成伤害，防止乙烯气体造成的危害是非常重要的，为此几乎所有切花的保鲜剂中都添加有乙烯作用抑制剂成分。

3. 杀菌或抗菌

观赏植物在栽培过程中，不可避免地会被一些微生物侵染，在采后流通过程中湿度较高的环境中，容易蔓延。观赏植物采收后，所侵染的微生物大量繁殖，会造成花茎导管堵塞，影响水分吸收，并产生乙烯和其他有毒物质，加速观赏植物衰老。因此，防止微生物侵染，是保鲜剂的重要功能之一。

4. 延缓花叶褪色

观赏植物不管是花瓣还是叶片，一旦失去了标志本身特性的颜色，也就意味着失去了观赏价值。其中，关于花色，观赏植物在采后流通过程中，花瓣颜色容易发生变化，如香石竹红色花瓣在低温储藏中失去光泽，变得黯淡，红色月季花瓣在瓶插过程中出现蓝变等。花朵失去本色比如月季的蓝变和香石竹的焦边，主要是因为内部色素及其环境的变化所造成。花瓣中主要含有两种色素：一是类胡萝卜素；一是花色素苷。在衰老过程中，类胡萝卜素总含量降低，而花色素苷则没有统一的规律。

花色变化有时是因为色素本身发生氧化，如类胡萝卜素、花色素苷、黄酮类、酚类化合物氧化造成观赏植物花瓣褐变或黑变。有时是代谢产物造成了液泡 pH 值的改变。在衰老过程中，蛋白质分解释放出自由氨，使 pH 值升高，花色素苷呈现蓝色，月季、飞燕草、天竺葵红色蓝变就是这个原因。而有的观赏植物衰老时液泡中的苹果酸、天冬氨酸、酒石酸等有机酸含量增加，pH 值降低，花色素苷呈红色，如三色牵牛花、矢车菊、倒挂金钟等蓝色红变。

关于叶片黄化，叶片失绿造成黄化，有时是因为自然衰老过程中叶绿素减少的缘故，有时是因为光线不足使叶绿素无法再生的缘故，菊花和百合常常因为叶片黄化而观赏价值严重受损。从目前的研究现状分析，保鲜剂能够显著延缓叶片黄化进程，而对于花色目前还没有发现有效的防止褪色的保鲜剂成分。

5. 补充糖源

观赏植物采收太早或经过较长时间的储藏后，其开花进程往往变得非常缓慢，有时甚至不能正常开花。其主要原因之一就是因为缺乏可有效利用的糖源。为此，保鲜剂中的主要成分之一是糖分。

6. 改善水分平衡

观赏植物通过吸收作用和蒸腾作用，对自身的水分进行调节，改善观赏植物的水分平衡，包括促进切口部位的水分吸收，促进水分在导管或管胞内的运输，以及调节蒸腾速率。其中，促进水分吸收主要通过杀菌剂或抗菌剂防止病菌在切口部位的侵染来实现；促进水分运输主要通过表面活性剂降低水分在导管或管胞内的表面张力来实现；调节蒸腾速率主要通过植物生长调节剂对气孔开闭的调节来实现。

三、观赏植物保鲜剂的主要成分及其作用

保鲜剂中最重要而且最普通的成分是水；几乎所有的配方中都有糖；其他成分在不同的配方中变化很大。杀菌剂或抗菌剂常见的有 8-羟基喹啉、缓慢释放氯化物等。表面活性剂以阴离子类型的高级醇类和非离子类型的聚氧乙烯月桂醚最为有效。植物生长调节剂常用的有细胞激动素（如 BA、赤霉素），金属离子和可溶性无机盐（最常用的是 Ag^+，多以硫代硫酸银的形式使用）。

1. 水

目前用于保鲜剂的水主要有自来水、去离子水或蒸馏水、微孔滤膜过滤水。其中，关于自来水，不同地区的自来水内所含成分变化较大，pH 值最好在为 3～4，以便限制微生物繁殖，氯离子或氟离子含量要低，以防和银盐反应，降低保鲜剂作用。去离子水或蒸馏水可以增进切花瓶插寿命，还能加强所用保鲜剂的效果。微孔滤膜过滤水，在月季观赏植物上的应用远远超过去离子水。微孔滤膜的主要作用在于过滤本身，在减压状态下清除气泡，从而减轻导管中空气堵塞。

2. 糖

可以作为观赏植物开花所需的营养来源，促进花瓣伸长，增进花的水分平衡和渗透势，保持花色鲜艳。多数保鲜剂配方中含有蔗糖，其他的代谢糖（如果糖和葡萄糖）有时也有应用；乳糖和麦芽糖只在低浓度时才有效果；非代谢糖如甘露糖醇和甘露糖则无作用或有害。

糖吸入切花体内后，蔗糖被分解为葡萄糖和果糖，既可以作为呼吸底物来利用，也可以用于植物的构造成分。因此，带有很多未开放花蕾的满天星和情人草、蕾期采收的香石竹，

都必须进行以糖分为主要成分之一的催花液处理；对于唐菖蒲和蛇鞭菊，糖的处理效果特别明显。但是，有些种类用糖分处理后在体内合成淀粉，储藏起来，削弱了糖的作用；有时甚至发生糖的伤害现象，如菊花，糖浓度超过 3％时，黄色花朵出现褪色等。一般情况下，叶片对高浓度糖比花瓣敏感，浓度高了容易引起叶片的烧伤，这可能是因为叶细胞渗透调节能力差的缘故，这就限制了糖浓度的提高。

适宜的糖浓度因处理目的和花材种类而异，一般而言，短时间浸泡处理的预处液糖的浓度相对较高；长时间连续处理的瓶插液糖浓度相对较低；催花液介于二者之间。

3. 杀菌剂或抗菌剂

所有保鲜剂配方中都至少含有一种具有杀菌力或抗菌力的化合物。

（1）8-羟基喹啉　一种广谱型抗菌剂，具有容易和金属结合的性质，夺走细菌内的铁和铜离子，因而有抗菌作用。该物质可以使从茎基切口处溶解到瓶插液中的单宁类物质失活，可以抑制细菌的繁殖、防止导管堵塞。同时，还可以降低水的 pH 值（即提高水的酸度），促进花材吸水，降低气孔开放度，达到降低蒸腾的目的。此外，还有抑制乙烯生成的作用。常用的有硫酸羟基喹啉和柠檬酸羟基喹啉，应用浓度为 $200 \sim 600 \mathrm{mg/L}$。

（2）缓慢释放氯化物　有些稳定而缓慢释放的氯化物常用作游泳池的消毒剂。在保鲜剂配方中有应用。氯的浓度为 $50 \sim 400 \mathrm{mg/L}$。已采用的化合物有：二氯-三萘-三酮钠，也称二氯异氰尿酸钠。还有二氯异氰酸钠和三氯异氰酸钠。

（3）季胺化合物　比 8-羟基喹啉稳定、持久，一般对花材不产生毒害，作为抗菌剂被广泛应用，尤其在自来水或硬水中更为有利。这类化合物有正烷基二甲苄基氯化氨、月桂基二甲苄基氯化氨等。

（4）噻苯咪唑　一种广谱型杀真菌剂。常以 $300 \mathrm{mg/L}$ 的浓度与抗菌剂量 8-羟基喹啉同用。噻苯咪唑在水中溶解度很低，可用乙醇等先进行溶解。TBZ（噻菌灵）还表现类似细胞激动素的作用，可以延缓乙烯释放，降低香石竹对乙烯的敏感性。

4. 表面活性剂

促进花材吸收水分，阴离子类型的高级醇类和非离子类型的聚氧乙烯月桂醚最为有效。此外，次氯酸钠、中性洗衣粉和吐温-20 等也很有效果。

5. 植物生长调节剂

通过调节激素之间的平衡来达到延缓衰老的目的。常用的有：

（1）细胞激动素　其中 BA 最常用，可以防止茎叶黄化，促进花材吸水，降低切花的敏感性，抑制乙烯作用。一般使用 $100 \mathrm{mg/L}$ 浓度。

（2）赤霉素（GA）　常用 GA_3，单独使用效果不大，多与其他药剂一同使用，能延缓马蹄莲叶片失绿，促进唐菖蒲花蕾的开放、花箭的伸长、花径的增加，从而延长了整枝切花的寿命。

（3）脱落酸（ABA）　促进气孔关闭，抑制蒸腾失水，延缓萎蔫和衰老，由于 ABA 又是很强的生长抑制剂和衰老刺激因子，使用不当会适得其反，所以使用不是很多。

6. 金属离子和可溶性无机盐

（1）银（Ag）　作为乙烯作用抑制剂和杀菌剂被广泛应用。常以 $AgNO_3$ 和醋酸银（$10 \sim 50 \mathrm{mg/L}$）的方式使用。硝酸银和硫代硫酸银都能和乙烯的受体结合，竞争性地抑制乙烯的作用。由于硝酸银有毒性，银离子对组织上带负电荷的部分有高度结合力，致使银离子的抗乙烯效应可能被遮盖。所以，现在人们更多地利用银的阴离子复合物硫代硫酸银，因为它低毒，移动性强，可以运送至花部。

（2）铝（Al） 可以降低溶液 pH 值，抑制菌类繁殖，促进花材吸水。常用的有：硫酸铝（50～100mg/L）。

（3）钾（K） 增加花瓣细胞的渗透浓度，促进水分平衡，延缓衰老过程。

四、观赏植物保鲜剂的处理技术

1. 预处液处理技术

预处液处理是一项非常重要的采后处理措施，其作用可持续到整个货架寿命，常在储藏或运输前进行，一般由栽培者或中间批发商完成。预处液一般由去离子水配制，其中含有糖、杀菌剂、活化剂、有机酸。其目的是由于观赏植物采后处理过程或储藏运输过程发生不同程度失水时，用水分饱和方法使失水的观赏植物恢复细胞膨胀压，为观赏植物补充外来糖源，防止微生物的危害，以延长随后在水中的瓶插寿命。预处液糖浓度一般较高，其最适浓度因不同种类而异，如唐菖蒲、非洲菊等用 20％或更高的浓度，香石竹、鹤望兰等用 10％浓度，月季、菊花等用 2％～3％浓度。

2. 催花液处理技术

这是观赏植物采后通过人工技术处理促使花蕾开放的方法。催花液一般含有1.5％～2.0％蔗糖，200mg/L 杀菌剂，75～100mg/L 有机酸，所使用蔗糖浓度要比预处液低。处理时将观赏植物插在催花液中若干天，比预处液处理时间长，在室温和高湿度条件下进行；有的观赏植物需要结合补光措施，为了防止乙烯积累造成危害，应配有通风系统。当花蕾开放后，应转至较低的温度环境中。这一方法最早应用于木本观赏植物，如紫丁香和连翘，后来月季、香石竹、菊花、唐菖蒲、非洲菊、鹤望兰和金鱼草也都有应用。对每一种观赏植物，掌握好花蕾发育阶段最适宜的采切时间十分重要。如采切时花蕾过小，即使使用催花液处理，花蕾也不能开放或不能充分开放，无法保持最佳的花期和保证最好的质量。不同的种类的观赏植物对糖的反应不一样，有时同一品种反应差异也非常大，所以要为不同的观赏植物确定适宜的糖浓度，防止因糖浓度偏高，伤害叶片和花瓣。

3. 瓶插液

瓶插液主要是提供给零售商和消费者，保存观赏植物直至售出或在瓶插寿命结束。不同的观赏植物种类有不同的瓶插液配方，其中糖浓度较低（约 0.5％～2％），还含有有机酸和杀菌剂。使用瓶插液时要确认所要瓶插的观赏植物是否已经用 STS（硫代硫酸银）处理过，如果已经处理过，就不必再行处理。如果是用硝酸银处理过，那就不用再水剪，因为硝酸银没有沿着茎秆向上运输而只存在于茎端，防止茎端腐烂和微生物滋生而导致的吸水堵塞问题。

参 考 文 献

[1] 谢晓玲等 . 多胺及青霉素对月季切花的保鲜效果 . 南京林业大学学报（自然科学版），2007，（31）：06.
[2] 胡绪岚编译 . 切花保鲜新技术 . 北京：中国农业出版社，1995.

（徐雅玲 编）

综合实训十 作物生长期长短的 确定与积温的统计

【实训目标】

1. 学习掌握作物物候观测对作物生产和科学研究的作用。

2. 学习掌握作物生长期长短的确定与积温的统计方法。

【实训内容】

1. 作物生长期长短的确定方法。

2. 作物生长发育所需积温的统计方法。

【考核指标】

1. 方案设计与准备（占总成绩的 20%）

要求设计方案思路清晰、方法科学、操作可行；要求实验准备充分到位。

2. 基本操作（占总成绩的 50%）

要求实验操作认真、严谨；实验结果准确。

3. 实训报告（占总成绩的 30%）

要求撰写实训报告（或研究论文）态度认真、字迹工整，能实事求是、科学综合地分析问题。

［参考方案］ 作物生长期长短的确定与积温的统计

一、实训项目

作物生长期长短的确定与积温的统计。

二、实训目标

学习作物生长期长短的确定方法和积温的统计。

三、实训材料与仪器设备

(1) 材料 收集某地某年逐日平均气温资料。

(2) 仪器和设备 计算器、直尺、铅笔、草稿纸、坐标纸。

四、方法步骤

日平均温度在春季第一次通过某一界限温度的日期，称为该界限温度的起始日期（亦称初日）；秋季最后一次通过同一界限温度的日期，称为该界限温度的终止日期（亦称终日）；初日到终日间的时间，称为该界限温度的持续天数（或持续期）。

由于春、秋季温度的波动，实际的温度可能在某一界限附近升降几次。在农业生产的实际工作中，比如作物布局和成熟期安排，需要确定稳定通过某一界限温度的起止日期、持续天数和积温。要确定这些项目，就必须对温度资料进行统计分析，目前常用"稳定通过"的方法来确定界限温度的初日和终日，其方法包括 5 日滑动平均法和直方图法。

1. 5 日滑动平均值的求算方法

在一长资料序列中，首先将前 5 天日均温进行平均，得到第一个气温值；然后将第 2 天至第 6 天的日均温进行平均，得到第二个气温值；接下去将第 3 天至第 7 天的日均温进行平均，得到第三个气温值，依次类推，进行滑动性的 5 日平均，一直算到原始日均温资料中的最后一个数据为止（最后有一次平均也应是 5 天日均温的平均），得到一份经 5 日滑动平均后的新的气温资料。以某地 2012 年日平均气温为例。

（1）起始日期的确定　假定界限温度为 10.0℃，在年初，逐日平均温度资料（表Ⅱ-10-1）中，最后一组连续 5 天日均温小于界限温度之后，第一次出现日均温≥10.0℃日期的前 4d 开始，依次算出每连续 5 的滑动平均温度值，然后求算出的资料中从最长一段 5 日滑动平均值≥10.0℃的第一个值（注意，在这个值之后不再出现小于 10.0℃的 5 日滑动平均值）所包括的 5d 中，选取第一个日均值≥10.0℃的日期（在该日之后可以出现小于 10.0℃的日均温），该日就是该年稳定通过 10.0℃的起始日期。

表Ⅱ-10-1　某地 2012 年≥10.0℃起始日期的计算

日期	日平均气温/℃	时段	5 日滑动平均气温/℃
2 月 26 日	9.7	2 月 27 日~3 月 2 日	7.8
27 日	7.8	2 月 28 日~3 月 3 日	8.4
28 日	5.4	2 月 29 日~3 月 4 日	9.4
29 日	7.3	3 月 1 日~5 日	10.4
3 月 1 日	8.0	3 月 2 日~6 日	10.9
2 日	10.5	3 月 3 日~7 日	10.7
3 日	10.6	3 月 4 日~8 日	10.4
4 日	10.6	3 月 5 日~9 日	10.3
5 日	12.3	3 月 6 日~10 日	9.9
6 日	10.5	3 月 7 日~11 日	9.7
7 日	9.5	3 月 8 日~12 日	10.3
8 日	9.3	3 月 9 日~13 日	11.7
9 日	10.0	3 月 10 日~14 日	12.6
10 日	10.2	3 月 11 日~15 日	14.0
11 日	9.6	3 月 12 日~16 日	14.7
12 日	12.2		
13 日	16.3		
14 日	14.5		⋮
15 日	17.4		
16 日	12.9		
⋮			>10.0℃
	>10.0℃		

例如表Ⅱ-10-1，最后一组连续 5 天的日均温小于界限温度的日期是 2 月 26 日~3 月 1 日，第一次出现日均温。10.0℃的日期是 3 月 2 日，所以从 3 月 2 日的前 4 天（即 2 月 27 日）开始计算 5 日滑动平均值，依次算到 3 月 16 日。由表中可以看出，从 3 月 8~12 日的 5 日滑动平均值直到 12 月中旬，是 5 日滑动平均值≥10.0℃的日期最长的一段资料，且在 3 月 8~12 日 5 中第一个日均温≥10.0℃的日期是 3 月 9 日，该日就是此地 2012 年稳定通过 10.0℃的起始日期。

（2）终止日期的确定　假定界限温度仍为 10.0℃，在秋季的资料中，从第一次出现日均温<10.0℃日期的前 4d 开始，依次算出每连续 5 日的滑动平均温度值，然后求算出资料中从最后一个 5 日滑动平均值≥10.0℃（即第一次出现 5 日滑动平均值<10.0℃的前一个值；以后可以出现>10.0℃的值）所包括的 5d 中，选取最后一个日均值>10.0℃的日期（在该日之后可以出现≥10.0℃的日均温），该日就是该年稳定通过 10.0℃的终止日期。

表Ⅱ-10-2　某地 2012 年≥10.0℃的终止日期计算

日期	日平均气温/℃	时段	5 日滑动平均气温/℃
12 月 15 日	16.4	12 月 15 日～19 日	13.7
16 日	17.6	16 日～20 日	12.4
17 日	13.2	17 日～21 日	10.7
18 日	11.8	18 日～22 日	9.4
19 日	9.3		
20 日	9.9		
21 日	9.4		
22 日	6.5		

由表Ⅱ-10-2 可以看出，第一次出现日均温<10.0℃的日期是 12 月 19 日，所以，从 12 月 19 日的前 4 天（即 12 月 15 日）开始计算 5 日滑动平均值，依次算到 12 月 22 日。由于 12 月 18 日～2 日的 5 日滑动平均值是 9.4℃，第一次出现了<10.0℃的 5 日滑动平均值。12 月 17 日～21 日的 5 日滑动平均值就是从起始日期算起的最后一个≥10.0℃的 5 日滑动平均值，其所包括的 5d 中，最后一个日均温≥10.0℃的日期是 12 月 18 日，该日就是此地 2012 年稳定通过 10.0℃的终止日期。

2. 积温的求算

活动积温：把起止日期（包括起止日期）之间高于界限温度的日平均气温求和。

有效积温：把起止日期之间高于界限温度的日平均气温减去下限温度后求总和，即得到有效积温。

（1）5 日滑动平均法求算积温　5 日滑动平均法可以确定任意给定界限温度的起止日期，但采用的是某一年逐日气温资料，所以它只能够反映该地该年的情况，不能代表该地常年的情况。

（2）直方图法求算积温　直方图的应用就是将某一地区多年平均的气温观测资料整理绘制成直方图和年变化曲线，然后从图上确定该地区某一界限温度的起止日期、持续日数和活动积温。由于气温的年际变化存在着以若干年为一周期的周期性冷暖变化，要应用多年的气温资料综合考虑，且资料越长代表性越好，一般要 20 年以上，才较好地代表该地区的气温特征。

① 绘制温度直方图

a. 收集资料　收集历年的各月平均温度资料，作为原始资料，分别算出各月平均温度的多年平均值，本实验以某地月平均气温的 20 年平均值为例，见表Ⅱ-10-3。

表Ⅱ-10-3　某地各月平均气温（1996～2015 年）　　　　单位：℃

月份	1	2	3	4	5	6	7	8	9	10	11	12
平均气温	−4.7	−2.3	4.4	13.2	20.2	24.2	26.0	24.6	19.5	12.5	4.0	−2.8

b. 绘制直方图 在直角坐标纸上定坐标，以月份为横轴、以月平均气温为纵轴，横坐标的原点位置确定在纵坐标的 0℃上。坐标轴上刻度的间隔划分依资料而定，以绘图既简便又准确为标准。

通常横坐标以 1 格（1cm）为 1 个月。注意，每个月份应标在该月宽度的中间位置上。为了使年变化曲线显现出的最低温度值较为明显，横轴上的起始月份应从月平均气温最低的月份的前一个月开始，本例的气温最低月是 1 月。所以，横坐标应从 12 月开始，即 12 月、1 月、……、11 月、12 月（1 月），以 12 月或 1 月终止。

以月平均气温为高，以某月份所占的横轴宽度为宽，绘制各月的空心直方柱，就构成直方图。

c. 绘制年变化曲线 从直方图上看，每个月之间气温是跳跃性的升降，而实际上，一年中气温的变化是连续的，形成有规律的单峰型变化曲线。因此，必须在直方图上绘制出气温年变化曲线，才能比较客观地反映气温的年变化规律。

② 统计

a. 界限温度的起止日期 以表Ⅱ-10-3 的资料为例，假定界限温度为 10.0℃，根据年变化曲线，从纵坐标上 10.0℃处引出一条平行于横坐标的直线 AB，与曲线交于 C、D 两点，再从 C、D 两点引垂线交横坐标于 E、F 两点，即 E、F 两点的横坐标分别为稳定通过 10.0℃起始和终止的日期，即起止日期。

注意，虽然每个月的天数不同（见表Ⅱ-10-4），但是每个月所占的坐标轴长度是相同的。这样不同的月份中每个小格所代表的天数就不一样。例如，1 月份每个小格代表 3.1d；2 月份平年每个小格代表 2.8d，闰年每个小格则代表 2.9d，其他月以此类推。

表Ⅱ-10-4 各月天数 单位：d

月份	1	2	3	4	5	6	7	8	9	10	11	12
天数	31	28(或 29)	31	30	31	30	31	31	30	31	30	31

计算起止日期时小数一律进 1 位。本例中，点在 4 月中的第 1.4 小格处，为第 4.2d，即起始日期为 4 月 5 日；终止日期的确定方法以此类推，本例中为 10 月 23 日。

b. 求算持续日数 即计算从稳定通过界限温度的起始日期到终止日期的总天数，包括起始日和终止日。如本例题，起始日期是 4 月 5 日（4 月只算 26d），终止日期是 10 月 23 日（10 月只算 23d），则持续日数是 202d。

c. 求算活动积温 即求稳定通过界限温度的起止日期之内的活动积温，由年变化曲线所围成的起止日期之内的面积就是活动积温，它可以近似地看成是许多梯形面积组成的，每个月都是一块梯形面积。所以，只要按照求梯形面积的方法，求出起止日期内每个月所围成的梯形面积，则这些月的面积和就是起止日期内的活动积温。

本例中 5～9 月，由于每天的气温都高于界限温度（10.0℃），它们的面积（即活动积温）都是该月的平均温度和该月的天数的积，其结果分别是 626.0℃、726.0℃、806.0℃、762.6℃、585.0℃。

起止日期所在的月份，即 4 月和 10 月，由于有一些日子气温高于界限温度，还有一些日子气温低于界限温度，要根据梯形面积公式计算。

d. 求算有效积温 有效积温就是日平均温度中高于生物学下限温度的那一部分温度的总和，其计算公式为：

$$A=Y-nB$$

式中，A 为有效积温；Y 为活动积温；B 为生物学下限温度；n 为总天数（即气温高于生物学下限温度的持续天数）。

本例中 B 为 10.0℃，n 为 202 天，由于起止日期内的每天日平均温度都大于生物学下限温度，因此该时期内的有效积温为：

$$A=4162.5℃-202×10.0℃=2142.5℃$$

值得指出的是，直方图法不仅可以求出本例中所假设的界限温度的起止日期、持续天数、活动积温和有效积温，而且适用于任意给定的界限温度。

从上述例题可以看出，由于直方图法所采用的是多年资料的平均值，所以，它只能反映该地常年状况，而不能反映某一年的情况，也不适合于求某一年的某界限温度的起止日期、持续天数、活动积温和有效积温。

3. 实训注意事项

绘制气温年变化曲线时应注意以下几点：

（1）通常采用的方法是割补法　即所绘成的曲线应使某月直方柱被割去的面积恰好等于补进的该月的面积（一般除了曲线最高、最低点所处的月份及其邻近的月份之外，曲线通过其他各月直方柱上底的中间点，就可以做到割去与补进的面积相等）。

（2）曲线最高点和最低点的确定方法　根据最热月（或最冷月）两边相邻的直方柱高低来确定，当两边相邻的直方柱等高时，曲线的最高点（或最低点）位置就定在最热月（或最冷月）的中间点；当两边相邻的直方柱不等高时，则最高点应定在最热月直方柱上底偏于相邻直方柱较高的一侧，最低点应定在最冷月直方柱上底偏于相邻直方柱较低的一侧。

（3）曲线必须光滑，粗细均匀　这样绘成的曲线既能使其所包含的总面积（即积温）等于直方图的总面积（即积温），又能反映出气温全年变化规律，从这一曲线上可以确定该地任何一天的常年平均温度和各个界限温度的起止日期、持续天数和活动积温，弥补了直方图的不足，更有实际应用价值。

五、实训作业

1. 收集当地某年的逐日平均气温资料，利用 5 日滑动平均法，求该地该年气温稳定通过 5℃ 的起始日期和终止日期及生长期的长短，统计 >5℃ 的活动积温和有效积温。

2. 收集当地多年的月平均气温资料，绘制月平均气温变化直方图和年温度变化曲线，并根据曲线求界限温度为 5℃、10℃ 的起始日期、终止日期、生长期和生长活跃期、多年平均活动积温和平均有效积温。

［相关资料］　物候观测

物候是指植物的外部形态、动物的生活习性和非生物的自然环境现象的周期特征。如植物的发芽、出苗、开花、结果；动物的初见、迁移、鸣啼；土壤的冻融，大气的霜、雪、闪电现象等。物候学则是研究物候现象与环境条件周期变化之间关系的一门科学，其目的是认识自然季节现象的客观规律，服务于农业生产和科学研究。

一、物候观测的作用

物候观测在植物生长与环境研究和服务中具有极其重要的地位，其重要性主要体现在如下两个方面：一是物候能综合反映前一时期环境条件的影响，在一定程度上可以作为农业气象服务的直接依据；二是物候本身就是描述作物生育状况的标尺，它既反映生育进程，也反映作物对环境的反应。

1. 气候的综合指标

物候作为一种反映气候的综合指标，在农、林、牧、渔各行业中具有广泛应用。

（1）编制物候历进行各类农业气象预告　各种植物的物候期，每年均按一定的先后次序出现。前一种物候的早迟与后继物候有密切关系，并且各年各物候期的出现均有周期性。因此，可以根据植物物候期的有序性和相关性，利用当地历年物候观察记录，按物候期时间的先后顺序，编制一年或一段季节的物候历。如竺可桢和宛敏渭编制的北京物候历，将北京一年划分为初春、仲春、季春、初夏、仲夏、季夏、初秋、仲秋、季秋、初冬和隆冬11个物候季。用对当地气候有指示性的植物物候编制成北京物候历，作为北京季节和气候的指示器。物候历一般用多年观测的平均日期编制而成，观测的年数愈久，愈能代表当地自然变化的实际。经过几年物候观测后编定一个地方的物候历，如果观测和编制正确，每年可以继续使用。

利用物候历可以编制各种类型的农业气象预告。

① 预告农时　运用物候资料预告农时比按节气预告农时要准确，比按积温法预告农时要方便。而且积温并不完全稳定，受许多复杂因素的影响；不同的作物、不同的季节还需要有不同的积温指标。如山西省原平县根据物候历选定梨树开花盛期到刺槐开花盛期为高粱播种上限和下限日期；四川省宜宾市选定李树始花（相当于日均气温稳定通过10℃）为早稻浸种催芽的物候指标，李树盛花（相当于日平均气温稳定通过12℃）时为早稻播种落泥的适期。

② 预告病虫害　用物候历预测预报害虫的依据是自然界的某些物种对于同一地区内的生态环境有相同的时间反映。因此，利用某种物候与病虫害发生期的相关性，就可测报植物虫害发生的时间。

③ 其他　物候历可用于预告农业天气。物候历也可用于选择采集中草药的最佳时间，特别是采集使用花果的中草药，物候历有很好的指导性。此外，物候历还可以用于放牧、捕鱼和养蜂等方面。

（2）绘制物候图进行各类农业气候分析　物候图通常有等候线图、植物发育持续期图和物候综合图等形式。等候线图是根据各地同种植物同一发育期到来的日期，按等值线原则划成的图。利用各地某种物候持续时间的观测资料可以绘制发育持续时间物候图。此外，还可以根据各地的植物物候记录绘制全国各地在某一日子里某种植物各处于哪一发育期的物候综合图，用以反映同一时刻物候的空间分布规律。

利用物候图可以进行各类农业气候分析：

① 熟制和作物布局分析　为充分和合理地利用当地的气候资源，就必须确定与当地气候条件相适应的种植制度、作物布局种类和品种。物候图可以大致反映各地生育期长短、播种收获期的早晚和具体时间，为农业布局作出合理决策。

② 引种分析　如果把某一范围的各季等候线图集中重叠于一张地图上，就能显示出各个不同的物候区。相同类型的物候区可以看作相似区，它是引种分析的基础。根据各地植物生长发育始期的早迟及其持续期的长短，可以编制地区植物发育速度等级，并进行物候分类。如果一个地区的植物物候期与另一个地区同种植物的物候期没有多大差异，那么前一个地区的农作物或野生经济植物一般就可以引种到后一个地区种植。这对新开垦的地区选择栽

培植物尤为重要。

③ 气候区划 根据各地同种植物发育始期的早迟和持续期的长短可以划分农业气候区，并为每个区指出适合当地气候及物候条件的耕作制度、作物种类和品种类型。

（3）反映局地小气候差异 在小地区特别是各种小地形进行物候观测比较，能发现小地形间的气温、土温和光照条件的微细差异；比利用小气候仪器进行观测简单、易行。在日本，应用物候资料对缺乏气象资料地区进行推算，是物候观测的主要任务之一。我国也正在通过对山区垂直地带的物候观测进行气候区划分，为农业和林业规划，为山区农业气候资源的开发和利用提供物候依据。

（4）美化生活环境或改善蔬菜淡季供应 对以观花为主的观赏植物进行物候观测，可以用来编制观赏植物花期谱。利用花期谱可选栽不同月份开花的观赏植物，美化生活环境。花卉商业部门还可利用花卉物候表或花期谱组织生产、培育管理和调节市场，提高经济效益。

城市郊区利用蔬菜的类型、品种及播种期的物候资料，可以为合理安排淡季生产，解决周年均衡供应提出合理的布局和安排。

还可以列出许多利用物候综合反映气象条件的特性，直接开展农业气象服务的内容。如吉林省农科院利用 80 个大豆品种的物候期进行大豆生态分类；利用物候进行大气污染监测等都具有显著效果。

2. 生育状况的标尺

在农业气象试验研究中，物候观测资料更主要的是作为植物自身状况的标尺用作平行分析，解决各类农业气象问题。物候至少可以从下述三个方面反映自身状况：

（1）物候反映植物不同发育阶段对气象条件的要求发生了变化。植物一生中对气象条件的要求是不断变化的，这种变化的转折一般是由物候作为外部形态表征，通过体内的生理活动实现。

（2）物候的持续时间表示了植物发育速度的变化。表示物候持续时间的单位常有天数、积温、叶令数、起止日期等；表达发育速度的阶段常有全生育期、营养生长期、生殖生长期或播种-出苗、出苗-三叶、三叶-营养生长结束（或生殖生长开始）等，生殖生长期还可再划分若干阶段，如穗分化、抽穗、开花、乳熟、蜡熟、成熟等。再细的可划分每张叶片的出叶天数，每个分枝的发生时期、每朵花的开花间隔。

（3）物候反映了植物自身的营养（或生理）特征，因而对产量的形成规律有重要的指示意义。正因为物候现象有反映自身生育规律的特性，它在农业气象试验研究中就有着广泛的应用。如在农业气象灾害的关键发育期和指标的研究中，只有通过对各物候期的群（个）体状况和相应时段气象资料的平行分析，才能获得正确结果。对作物适宜条件的农业气象分析实质上也是用"物候状况"去鉴定"气象条件"的优劣的过程。

二、物候变化的气象原因

物候变化是当地气象条件变化的总反映。了解气象因素对物候变化的影响，对熟悉和掌握物候变化规律，为农业气象试验研究服务是有重要意义的。

1. 温度对物候的影响

温度对物候的影响具有最突出的地位，植物物物候节律往往是温度节律的反映。温度对物候期的影响主要有临界温度和积温两方面。

（1）发育临界温度 它是指物候期开始出现的最低温度值。在四季明显的地区，一年中物候的开始主要取决于一定的温度临界值的通过。不同植物的临界温度值是不同的。可可、椰子、橡胶的生长临界温度在 18℃ 以上，柑橘类在 15～16℃，柿子和枣等温带果树则需 10℃ 以上，北方落叶果树生长的开始温度在 5℃ 以上。可见，发育期的临界温度与植物本身的原产地关系甚为密切。作物中，原产南方的水稻、番茄等种子萌动所需温度较高，而原产北方的小麦、蚕豆等种子萌发的临界温度就较低。不同原产地的同种作物品种也有类似趋势。大多数木本植物在早春展芽、开花的临界温度为 6～10℃，但早花植物和山地植物的临界温度一般偏低，而晚花植物的展芽和开花的临界温度则较高。初春先花后叶的植物，开花温度比展叶低；先叶后花的植物则反之；而花、叶同时齐放的植物，展叶和开花的温度差异就不甚明显。

根据物候的临界温度高低可以大致判断植物的耐寒性。展叶早，临界温度低，耐寒性一般较强；反之则耐寒性较弱。国外有的研究者利用这个原理对 1000 多个水稻品种在 15℃ 下进行发芽试验，筛选出一些耐寒水稻品种。

（2）积温　积温是温度强度和持续时间的综合表征。物候现象的出现与积温关系很大。许多实验证明，物候出现的积温值远比天数要准确。在众多的积温表达式中又以高于物候临界温度值的有效积温最为稳定。从物候学的角度来看，积温的稳定性正说明温度是影响物候进程的主导因素。积温对物候进程的影响主要表现在：

① 各物候期都有各自要求的积温，物候早要求积温少，物候迟要求积温多，只有积累了一定的积温，才能进入下一个物候时期。

② 临界温度以上的温度值对物候进程的影响在开始时比按积温计算的要小，随着温度的升高逐渐增大，达最大物候进程后，若温度继续升高，则又重新降低。因此各种物候进程在季节、年际和地区间并非完全稳定，而是有一个变化幅度的。

③ 物候进程对环境具有一定适应性。WBoer 指出，各年积温的变幅首先受冬季寒冷程度的影响。寒冷会降低植物的需热量，冬季越冷积温也就越少。

④ 物候进程的积温值也受其他生态因子的制约。如干旱时积温再多，植物也不能利用。

2. 光对物候的影响

太阳辐射是植物进行光合作用的能源。在相同的温度条件下，光可以加强光合作用，加速物候进程。如樱属植物进入开花期一般要 3200℃ 活动积温，但发育晚的年份，植物可以获得较多的日照补偿，仅需 2700℃ 就能进入开花期。在植物的一生中，有四个物候期受光的影响最显著，它们是种子萌发期、开花期、休眠芽形成期和落叶期。

光对多种植物种子的萌发是有利的。如槲寄生、毛蕊花、莴苣、毛泡桐的种子如果没有光的刺激就不能萌发；胡萝卜、芹菜、烟草和冷杉状云杉等在有光照下才能很好地萌发；稻种在全黑暗下只有 20％～30％ 的萌发率，若每天给 8h 光照，6d 后萌发率可达 96％ 以上；但也有些植物的萌发需要黑暗，如洋葱、香子兰等百合科植物和许多葫芦科植物的种子在黑暗中萌发得要好一些。

3. 水对物候期的影响。

干旱会延缓植物的生长发育，使物候期推迟，特别是草本植物根系浅，对于干旱更为敏感。干旱也会促使叶肉细胞的叶绿体中合成脱落酸，促使落叶期提前，对四季昼长不分明的热带植物来说，水是物候变化的主要原动力。降雨过多也会加速落叶，如秋大豆在结果过程中若连续阴雨往往会使大豆叶子迅速变黄、脱落，产量降低。

4. 土壤对物候期的影响

土壤虽不是气象条件，但由于土壤性质不同引起的小气候差异对植物的发育期也有明显的影响。黏重土质的物候期一般比砂质土迟，因为黏重土的土壤热容量大，江苏苏北地区棉花播种期一般比苏南要早5～7d的原因之一就在于此。沼泽土上的植物物候期比干燥砂土上的植物物候期要迟达10d以上。

三、农作物发育期观测方法（全国站网物候观测）

1. 观测地段

农业气象观测地段是定期进行物候观测和生长发育状况观测的基本地点。观测地段必须选择在能够代表当地一般地形、地势、耕作制度和栽培水平的大田上。为符合平行观测原则，地段应选择在本站大气候观测所能代表的地面范围内，若距观测场3～5km以上，地段应增设雨量观测点。所选地段应尽量减小小气候影响，距大建筑物、水域、道路应在20m以上。地段的面积一般不宜小于0.1hm²。地段选择后应在农气簿-1中绘制平面图，并作文字描述。

2. 观测时间

在不漏测和迟测规定发育期的前提下，可根据不同作物发育期的出现规律由台站掌握观测时间。为避免缺、漏、迟测现象发生，必须遵守以下三条规定：

① 旬末必须巡视。

② 预计作物将进入某一发育期或两个发育期相隔很近时，应每天观测一次。

③ 作物进入发育期后，要每天观测，直到发育末期结束。每天观测时间一般定在下午，有的作物物候在上午或下午出现最盛时应作相应变动。

3. 观测植株

在观测地段上按对角线方法选定四个观测点，从测点中再选择一定数量有代表性的植株进行发育期观测。条播密植作物和撒播作物为定点不定株（前者在长1～2m、宽2～3行中，后者1m²秧田），每点连续任选25株；条播稀植作物及穴播作物（包括水稻本田）为定点定株，前者每点连续10株，后者每点连续5穴。苗床及秧田每点选0.25m²，观测全部植株。

4. 发育期的始、盛、末期的确定

农作物进入各发育期的确定方法不同。有些发育期如出苗、返青或活棵、停止生长、乳熟、黄熟、可收期等以目测估计记载。其余发育期需要进行百分率统计。当进入某发育期的百分率分别达10%、50%、80%或以上时，分别计为某发育期的始、盛（普遍）、末期。每个发育期进入末期时，即停止该发育期的观测。

5. 观测项目

中国气象局颁布的《农业气象观测规范》规定了20种农作物需要进行物候观测，具体发育期项目列于表Ⅱ-10-5。试验物候观测项目，一般可从上述站网观测项目中选择，不能满足要求时可另行加测。有关作物的物候标准可参见《农业气象观测规范》。

表Ⅱ-10-5　主要作物观测的发育期

作物	发育期
稻类	播种、出苗*、三叶、移栽、返青*、分蘖、拔节、孕穗、乳熟*、成熟*
麦类	播种、出苗*、三叶、分蘖、越冬开始*、返青*、起身*、拔节、孕穗*、抽穗、开花、乳熟*、成熟*
玉米	播种、出苗*、三叶、七叶、拔节、抽穗、开花、吐丝*、乳熟*、成熟*
高粱	播种、出苗*、三叶、七叶、拔节、抽穗、开花、乳熟*、成熟*
谷子	播种、出苗*、三叶、分蘖、拔节、抽穗、乳熟*、成熟*
甘薯	移栽、成活*、蔓伸长、薯块形成*、可收*

续表

作物	发 育 期
马铃薯	播种、出苗*、分枝、花序形成、开花、可收*。
棉花	播种、山苗*、三真叶、五真叶、现蕾、开花、裂铃、吐絮、停止生长*
大豆	播种、出苗*、三真叶、分枝、开花、结荚、鼓粒*、成熟*
花生	播种、出苗*、三真叶、分枝、开花、下针、成熟*
油菜	播种、出苗*、五真叶、移栽、成活*、现蕾、抽薹、开花、绿熟*、成熟*
芝麻	播种、出苗*、分枝、现蕾、开花、蒴果形成、成热*
向日葵	播种、出苗*、二对真叶、花序形成、开花、成熟*
甘蔗(新植)	播种、出苗*、分蘖、茎伸长*、工艺成熟*
甘蔗(宿根)	发株、茎伸长*、工艺成熟*
甜菜	播种、出苗*、三对真叶、块根膨大、工艺成熟*
烟草	播种、出苗*、二真叶、四真叶、七真叶、移栽、成活*、团棵*、现蕾、工艺成熟
芝麻(种子)	稻种、出苗*、二对真叶、五对真叶、移栽、成活*、伸长*、工艺成熟*
芝麻(宿根)	发芽*、茎叶*、伸长、工艺成熟*
黄麻	播种、出苗*、三真叶、现蕾、开花、工艺成熟*
红麻	播种、出苗*、三裂掌状叶*、现蕾、开花、工艺成熟期*
亚麻	播种、出苗*、二对真叶、枞形*、现蕾、开花、工艺成熟*、种子成熟*、

注：*表示目测。

参 考 文 献

[1] 北京农业大学农业气象系. 气象基础与农业气象. 北京：农业出版社，1990.
[2] 易明晖. 气象学与农业气象学. 北京：农业出版社，1990.
[3] 李来胜，吴元勋. 农业气象学. 成都：成都科技大学出版社，1994.
[4] 陈家豪. 农业气象学. 北京：中国农业出版社，1999.

（于震宇　编）

综合实训十一　植物组织培养技术

【实训目标】

掌握培养基的配制技术，无菌操作技术，植物器官与组织培养技术，外植体的采集与灭菌，外植体的接种与培养，增殖培养与生根培养，以及组培苗的驯化与移栽等基本技能。

【实训内容】

培养基配制及灭菌、外植体的消毒与接种、试管苗的快繁与驯化移栽。本综合实训所需时间较长，根据教学需要，可选部分内容进行实训。

【考核指标】

1. 平时操作（占总成绩的40%）

重点考核无菌操作技术和培养基配制两个方面。

2. 培养结果（占总成绩的20%）

从诱导、继代、生根、炼苗移栽四个环节培养的结果来综合评价。

3. 实验论文（占总成绩的30%）

每次实训报告成绩的平均值。

4. 平时成绩（占总成绩的10%）

主要考核学生出勤和学习态度。

［参考方案］　花椰菜组织培养

一、实训项目

1. 培养基配制及灭菌。

2. 外植体的消毒与接种。

3. 试管苗的继代、生根与移栽。

二、实训目标

通过花椰菜组织培养使学生掌握培养基的配制技术、无菌操作技术、植物器官与组织培养技术、快繁技术等基本技能。

三、实训材料与仪器设备

（1）材料　花椰菜花序。

（2）设备　天平、微波炉、烧杯、定容瓶、量筒、广口瓶、移液管、高压灭菌锅、超净工作台、冰箱、剪刀、镊子、解剖针、酒精灯、培养皿、培养瓶、打火机、消毒器、精密pH试纸、标签、记录本等。

（3）试剂　配制培养基所需的各种药品、蒸馏水、无菌水、70%酒精、95%酒精、10%漂白粉、0.1%升汞、1mol/L NaOH、1mol/L HCl等。说明：针对不同实训周，内容不同，所需材料仪器稍有差异。

四、技术路线

准备阶段 → 外植体选择与消毒 → 初代培养 → 继代培养 → 生根培养 → 炼苗移栽

五、方法步骤

1. MS 培养基母液的配制

（1）培养基母液配制　为了减少工作量，减少多次称量所造成的误差，一般将常用药品配成比所需浓度高 10～100 倍的母液，现以 MS 培养基为例，预先配制四组不同母液（表Ⅱ-11-1），并贴上标签。

表Ⅱ-11-1　MS 培养基母液配制

母液种类	成　分	规定量/mg	浓缩倍数	称取量/mg	母液体积/mL	1L 培养基取量/mL
大量元素	KNO_3	1900	50	95000	1000	20
	NH_4NO_3	1650		82500		
	$MgSO_4 \cdot 7H_2O$	370		18500		
	KH_2PO_4	170		8500		
	$CaCl_2 . 2H_2O$	440		22000		
微量元素	$MnSO_4 \cdot 4H_2O$	22.3		100	2230	
	$ZnSO_4 \cdot 7H_2O$	8.6		860		
	H_3BO_3	6.2		620	1000	10
	KI	0.83		83		
	$Na_2MoO_4 \cdot 7H_2O$	0.25		25		
	$CuSO_4 \cdot 5H_2O_4$	0.025		2.5		
	$CoCl_2 . 6H_2O$	0.025		2.5		
铁盐	$EDTA-Na_2$	37.3	100	3730	1000	10
	$FeSO_4 \cdot 4H_2O$	27.8		2780		
有机物	甘氨酸	2.0	100	100		
	盐酸吡哆醇	0.5		25		
	盐酸硫胺素	0.1		5	500	10
	烟酸	0.5	~	25		
	肌醇	100		5000		

① 大量元素　按照使用时高 500 倍的数值称取，分别将各种化合物称量后，依次溶解在 700mL 蒸馏水中，定容至 1000mL 后保存在试剂瓶中。

② 微量元素　按要求浓缩 100 倍的数值称取，于烧杯内加少量蒸馏水溶解后，倒入 1000mL 容量瓶定容后保存在试剂瓶中。

③ 铁盐　将 $FeSO_4 \cdot 7H_2O$ 和 $EDTA-Na_2 \cdot 2H_2O$ 分别溶于 450mL 蒸馏水中，加热，不断搅拌，溶解后，两液混合，加水定容至 1000mL，于试剂瓶中保存。

④ 有机物　按母液要求浓缩 100 倍，溶解，定容至 500mL，于试剂瓶中保存。

⑤ 母液　母液最好在 2～4℃的冰箱中储存，特别是有机类物质，储存时间不宜过长，如发现有霉菌和沉淀产生，就不能再使用。

（2）生长调节剂母液配制

① 称量　根据需要称取 50～100mg 的生长调节剂。

② 溶解　生长素（IAA、IBA、NAA、2,4-D 等）可用 95%乙醇或 1mol/L NaOH 溶解，细胞分裂素（KT、6-BA 等）可用 1mol/L HCl 溶解。

③ 定容　加蒸馏水定容至 100mL，配成 0.5～1mg/mL 的溶液。

2．MS 固体培养基的配制

配制 1L MS 培养基（分别配制花椰菜诱导、继续和生根的三种培养基）：

（1）提取母液　按母液顺序和规定量（表Ⅱ-11-1），用吸管提取母液（大量元素母液 20mL、微量元素母液 10mL、铁盐母液 10mL、有机物母液 10mL），放入盛有一定量蒸馏水的量杯。

（2）称取固化剂　琼脂 7g。

（3）称取糖　蔗糖 30g。

（4）熔化琼脂　在 1L 的烧杯里加 500mL 水，加入琼脂 7g，加温并不断搅拌，使琼脂熔化，然后加入蔗糖 30g 充分溶解。

（5）加入母液　将量取的母液倒入溶有琼脂和蔗糖的烧杯。

（6）加入植物生长调节物质　加入植物生长调节物质，定容至 1L。

（7）调整 pH 值　用 0.1mol/L NaOH 或 0.1mol/L HCl 把培养基的 pH 值调整到 5.8。

（8）培养基分装　每瓶分装 30mL 左右。分装后立即加盖，贴上标签。

（9）灭菌。

3．外植体的消毒与接种

（1）诱导培养基　MS＋6-BA 0.2mg/L＋NAA 0.01mg/L。

（2）外植体　选取从生长在田间的生长健壮的花椰菜枝条上饱满而未开花的花蕾及花序轴作为外植体。

（3）培养条件　光照 10～12h，光强 800～1200lx，温度为（25±2）℃。

（4）消毒接种

① 外植体前处理　摘取未开放的花蕾及花序轴，摘去顶端小花蕾和过长的花序轴。用自来水冲洗若干次，用毛巾擦干。

② 外植体、接种器械的消毒　在超净工作台上用 75%酒精灭菌 30s，用无菌水冲洗 1 次，再用 0.1%的升汞溶液灭菌 10min。用无菌水冲洗 3～5 次。取出接种器械（刀、剪、镊等）在灭菌器上消毒。

③ 外植体接种　摘去花瓣、萼片、雌雄蕊及子房。切取花托，打开瓶口，将切好的花托接种于诱导培养基中，每瓶 6 个，盖上瓶盖。或切取花序轴，去掉花柄，切成 1～2mm 的小片段，接种在培养瓶中，靠顶部的一面朝上，每瓶 6 个，盖上瓶盖。在瓶上贴好标签，写上姓名、班级和接种日期。

4．继代增殖培养

（1）增殖培养基　MS＋6-BA 0.2mg/L＋KT 0.2mg/L＋NAA 0.001mg/L。

（2）外植体　花椰菜试管苗。

（3）培养条件　光照 10～12h，光强 800～1200lx，温度为（25±2）℃。

（4）接种　在超净工作台中，在灭过菌的硫酸纸上把花椰菜试管苗切成小块，带单个芽或丛生芽，接种在增殖培养基上，每瓶 6 个，盖上瓶盖。贴好标签。

5．生根培养

（1）生根培养基　1/2MS。

（2）外植体　花椰菜试管苗。

（3）培养条件　光照 10～12h，光强 800～1200lx，温度为（25±2）℃。

（4）接种　在超净工作台中，在无菌硫酸纸上把花椰菜试管苗顶芽切下，接种在生根培养基上，每瓶 6 个，盖上瓶盖。贴好标签。

6. 组培苗的驯化与移栽

（1）移栽基质　用珍珠岩、蛭石、草炭土或腐殖土比例为 1∶1∶0.5。也可用砂子、草炭土或腐殖土比例为 1∶1。

（2）材料　生根的花椰菜组培苗。

（3）移栽前的练苗　移栽前可将培养物不开口移到自然光照下锻炼 2～3d，使其长得壮实起来，然后再开口练苗 1～2d，经受较低湿度的处理，以适应将来自然湿度的条件。

（4）移栽和幼苗的管理　从试管中取出发根的小苗，用自来水洗掉根部黏着的培养基，栽植在基质中，浇透水。栽后根据基质水分情况轻浇薄水。空气湿度保持 90％以上。

六、观测与收集的数据和方法

1. 诱导培养接种 1 周后，观察污染情况；25d 后观察出苗情况，计算诱导率，以后每隔 1 周观察接种材料的生长情况（表Ⅱ-11-2）。

表Ⅱ-11-2　诱导培养记载表

外植体名称	接种日期/（月/日）	观察日期/（月/日）	接种瓶数	污染瓶数	污染率/％	腋芽萌发茎段数	诱导率/％

2. 继代培养接种 1 周后，观察污染情况；20d 后观察分化情况，计算污染率和分化率并进行结果分析（表Ⅱ-11-3）。

$$分化率 = \frac{分化数}{转移个数 - 污染个数} \times 100\%$$

表Ⅱ-11-3　继代培养记载表

植物名称	接种日期/（月/日）	观察日期/（月/日）	转接个数	污染个数	污染率/％	分化芽数	分化率/％

3. 生根培养接种 1 周后，观察污染情况；15d 后观察生根情况，计算生根率（表Ⅱ-11-4）。

$$生根率 = \frac{生根株数}{转移株数 - 污染株数} \times 100\%$$

表Ⅱ-11-4　生根培养记载表

植物名称	接种日期/（月/日）	观察日期/（月/日）	转接株数	污染株数	污染率/％	生根株数	生根率/％

4. 驯化移栽 3 周后，观察成活情况（表Ⅱ-11-5）。

$$成活率 = \frac{成活株数}{移栽株数} \times 100\%$$

表Ⅱ-11-5　驯化移栽记载表

植物名称	移栽日期 /（月/日）	观察日期 /（月/日）	移栽株数	成活株数	成活率/%

［相关资料］　植物组织培养的应用

植物组织培养是以植物细胞、组织、器官为研究对象，运用工程学原理，利用人工培养基按照预定目标，对植物的器官、组织、细胞和原生质体进行培养，改变生物性状，生产生物产品，为人类生产和生活服务的一门综合性技术科学，也是现代生物技术的核心技术之一。在植物的优良品种快速繁殖、脱毒苗木生产、缩短育种进程、种质资源保存等方面具有其他技术无法比拟的优势。

一、植物组织培养的特点

植物组织培养之所以发展如此之快，应用范围如此之广泛，是由于具备以下几个特点：

（1）培养条件可以人为控制　组织培养采用的植物材料完全是在人为提供的培养基质和小气候环境条件下进行生长，摆脱了大自然中四季、昼夜的变化以及灾害性气候的不利影响，且条件均一，对植物生长极为有利，便于稳定地进行周年培养生产。

（2）生长周期短，繁殖率高　植物组织培养由于人为控制培养条件，根据不同植物不同部位的不同要求而提供不同的培养条件，因此生长较快。另外，植株也比较小，往往20～30d为一个周期。所以，虽然植物组织培养需要一定设备及能源消耗，但由于植物材料能按几何级数繁殖生产，故总体来说成本低廉，且能及时提供规格一致的优质种苗或脱病毒种苗。

（3）管理方便，利于工厂化生产和自动化控制　植物组织培养是在一定的场所和环境下，人为提供一定的温度、光照、湿度、营养、激素等条件，既利于高度集约化和高密度工厂化生产，也利于自动化控制生产。它是未来农业工厂化育苗的发展方向。它与盆栽、田间栽培等相比，省去了中耕除草、浇水施肥、防治病虫害等一系列繁杂劳动，可以大大节省人力、物力及田间种植所需要的土地。

二、植物组织培养的应用

植物组织培养成为生物科学的一个广阔领域，除了在基础理论的研究上占有重要地位以外，还在农业生产中得到越来越广泛的应用。

1. 植物组织培养的快速繁殖

用植物组织培养的方法进行快速繁殖是生产上最有潜力的应用，包括花卉观赏植物、蔬菜、果树、大田作物及其他经济作物。快繁技术不受季节等条件的限制，生长周期短，而且能使不能或很难繁殖的植物进行增殖。由于组织培养周期短、增殖率高及能全年生产等特点，加上培养材料和试管苗的小型化，这就可使有限的空间培养出大量的植物，在短期内培养出大量的幼苗。组织培养突出的优点是"快"，通过这一方法在较短时期内迅速扩大植物的数量，以一个茎尖或一小块叶片为基数，经组织培养一年内可增殖到10000～100000株。

2. 脱毒

植物在生长过程中几乎都要遭受到病毒病不同程度的危害，有的种类甚至同时受到数种病毒病的危害，尤其是很多园艺植物靠无性方法来增殖，若蒙受病毒病，代代相传，越染越重，甚至会造成极严重的后果。自从 Morel 于 1952 年发现采用微茎尖培养方法可得到无病毒苗（virus free）后，微茎尖培养就成为解决病毒病危害的重要途径之一。若再与热处理相结合，则可提高脱毒培养的效果。对于木本植物，茎尖培养得到的植株难以发根生长，则可采用茎尖微体嫁接的方法来培育无病毒苗。组织培养无病毒苗的方法已在很多作物的常规生产上得到应用，如马铃薯、甘薯、草莓、苹果、香石竹、菊花等。

3. 体细胞无性系变异和新品种培育

植物组织培养过程中往往存在大量的变异，这种变异称为体细胞无性系变异。具有如下特点：

（1）变异的无方向性　既有有利的变异，也有有害的变异；既有形态变异，也有生理变异。

（2）变异的普遍性　变异在组织培养中经常发生，出现在组织培养的各个时期。既有数量性状变异，又有质量性状变异；既有农艺性状变异，又有经济性状变异；既有表型变异，又有生理变异。与自然变异与辐射诱变相比，体细胞无性系变异广泛而普遍，且易于获得纯合个体。

（3）植物体细胞无性系变异的类型　一类为可遗传变异，主要是由于遗传物质的变化引起的（尤以基因突变为主）；另一类是不可遗传的变异，为生理型变异。往往是由于培养过程中外加的激素及其他化学物质的刺激引起。如叶形、育性等。

（4）引起植物体细胞无性系变异的原因　激素的刺激为主要原因。高浓度的 GA 和 IAA，会造成畸形胚的高频发生。TDZ 可使植株产生白化苗或玻璃化植株。2,4-D 则使培养细胞发生染色体数量变化。随培养时间的延长，染色体变异频率升高，变异的性状和范围扩大。

（5）植物体细胞无性系变异的利用价值及途径　它是一种重要的遗传变异来源，是一种重要的遗传资源，对于育种有重要的应用价值。

4. 单倍体育种

花药、花粉的培养在苹果、柑橘、葡萄、草莓、石刁柏、甜椒、甘蓝、天竺葵等约 20 种园艺植物中得到了单倍体植株。在常规育种中为得到纯系材料要经过多代自交，而单倍体育种，经染色体加倍后可以迅速获得纯合的二倍体，大大缩短了育种的世代和年限。

5. 种质保存

用植物组织培养技术保存种质具有以下优点：

① 在较小的空间内可以保存大量的种质资源。

② 具有较高的繁殖系数。

③ 避免外界不利气候及其他栽培因素的影响，可常年进行保存。

④ 不受昆虫、病毒和其他病原体的影响。

⑤ 有利于国际间的种质交换与交流。

6. 遗传转化

大多数植物遗传转化方法需要通过植物组织培养来进行。

三、植物组织培养常用培养基的种类、配方及其特点

1. 培养基的种类

培养基有许多种类，根据不同的植物和培养部位及不同的培养目的需选用不同的培养基。

2. 几种常用培养基的配方（见附录八）

3. 几种常用培养基的特点

目前国际上流行的培养基有几十种，常用的培养基及特点如下：

（1）MS 培养基　它是 1962 年由 Murashige 和 Skoog 为培养烟草细胞而设计的。特点是无机盐和离子浓度较高，为较稳定的平衡溶液。其养分的数量和比例较合适，可满足植物的营养和生理需要。它的硝酸盐含量较其他培养基为高，广泛地用于植物的器官、花药、细胞和原生质体培养，效果良好。有些培养基是由它演变而来的。

（2）White 培养基　它是 1943 年由 White 为培养番茄根尖而设计的。1963 年又作了改良，称作 White 改良培养基，提高了 $MgSO_4$ 的浓度和增加了硼素。其特点是无机盐数量较低，适于生根培养。

（3）N6 培养基　它是 1974 年朱至清等为水稻等禾谷类作物花药培养而设计的。其特点是成分较简单，KNO_3 和（NH_4）$_2SO_4$ 含量高。在国内已广泛应用于小麦、水稻及其他植物的花药培养和其他组织培养。

（4）B5 培养基　它是 1968 年由 Gamborg 等为培养大豆根细胞而设计的。其主要特点是含有较低的铵，这可能对不少培养物的生长有抑制作用。从实践得知，有些植物在 B5 培养基上生长更适宜，如双子叶植物特别是木本植物。

参 考 文 献

[1]　王衍安. 植物与植物生理实训. 北京：高等教育出版社，2004.
[2]　葛胜娟. 植物组织培养. 北京：中国农业出版社，2008.
[3]　张小玲等. 花椰菜未受精子房、花托、花序轴离体培养诱导成苗研究. 长江蔬菜，2000，（01）：28-30.

（罗天宽　编）

综合实训十二　干旱和冷害
对植物生长的影响

【实训目标】

通过本次综合实训，开阔学生的科研思维思路，提高学生的试验设计水平和实验操作能力，使学生了解干旱、冷害对植物萌发生长的影响，并掌握相关生理生化测定技能。要求学生分析实验数据，撰写相应的论文，以培养学生的科研能力和论文写作能力。

【实训内容】

1. 干旱对植物生长的影响。
2. 冷害对植物生长的影响。

【考核指标】

1. 试验方案设计（占总成绩的20%）

要求实验准备充分到位；设计方案清晰完整、方法科学可行。

2. 基本操作（占总成绩的40%）

要求植株生长过程中参与管理，注意观察、记载实验现象；实验过程中操作规范、认真、严谨（生理生化测定过程中尤其注意）；记载数据翔实可靠。

3. 实训论文（占总成绩的40%）

整理和分析实验数据结果，查阅参考文献，撰写实训论文。要求实训论文文献引用恰当，实验方法撰写完整，数据结果分析可靠，结论明确，能实事求是地反映实训结果。

[参考方案一]　干旱对植物生长的影响

一、实训项目

聚乙二醇（PEG6000）模拟干旱对水稻种子萌发、幼苗生长及相关生理生化性状的影响。

二、实训目标

通过综合实训，使学生了解干旱对植物种子萌发、幼苗生长及相关生理生化性状的影响；提高学生文献查阅能力、试验设计水平和生理生化测定技能；开阔学生科研视野，培养学生科研能力和实际动手能力。

三、实训材料与仪器设备

（1）材料　水稻种子。

（2）设备　天平、容量瓶、烧杯、吸水纸、培养皿、烘箱、光照培养箱、分光光度计、高速台式离心机、移液器、冰箱、离心管、指形管、容量瓶、荧光灯（反应试管所处照度为4000lx）等。

（3）试剂　双蒸馏水、PEG6000、$Na_2HPO_4 \cdot 12H_2O$、KH_2PO_4、氮蓝四唑（NBT）、

甲硫氨酸（Met）、核黄素、EDTA-Na$_2$ 等。

四、技术路线

1. 查阅文献，确定与干旱相关的萌发、生长及理化测定指标，并做出试验方案。

2. 水稻种子 PEG6000 模拟干旱胁迫实验。

3. 观察、调查 PEG6000 模拟干旱条件下种子萌发和幼苗生长情况，并测定幼苗相关理化指标。

4. 统计、分析试验结果。

五、方法步骤

1. 模拟干旱处理

聚乙二醇（PEG）是一种高分子化合物，对植物生长无毒无害，实验中常用不同浓度 PEG 溶液模拟干旱胁迫环境。本实训采用 20% PEG6000 溶液模拟干旱，以蒸馏水为对照。发芽床为垫有两层滤纸的培养皿（$\phi=9cm$）；滤纸预先用蒸馏水吸水饱和。

选取颗粒饱满、大小一致的水稻种子 100 粒，分别整齐排列于芽床上。模拟干旱加 2mL 20% PEG6000，对照加等量蒸馏水。培养皿盖盖上后置于光照培养箱发芽箱（25℃，光照∶黑暗=12∶12）中培养 7d。培养皿中水分不足时分别同时补充等量的 20% PEG6000 和蒸馏水。试验重复 3 次。

2. 实验观察调查

调查水稻种子发芽率、发芽势，测定苗高、苗重、根长、根重、叶片叶绿素含量和超氧化物歧化酶（SOD）活性。发芽率为播种后 7d 内发芽的种子数占播种种子数的百分数，发芽势为播种后 3d 内发芽的种子数占播种种子数的百分数。苗高和根长采用直尺测定。苗重和根重测定采用烘干法：先将幼苗或根部 70℃烘 2h 左右，然后 105℃烘干至恒重。叶绿素含量测定参考第一篇实训五中的方法；超氧化物歧化酶（SOD）活性测定参考第一篇实训二十五中的方法。

六、观测与收集的数据和方法

1. 模拟干旱对种子发芽率、发芽势、苗高、苗重、根长和根重的测定。

2. 模拟干旱对幼苗相关生理生化指标的测定（表Ⅱ-12-1）。

表Ⅱ-12-1　干旱对植物生长影响实验记录表

处理	发芽率/%	发芽势/%	苗高/cm	苗重/g	根长/cm	根重/g	叶绿素/(mg/g 叶片)	SOD 活性/(U/g 叶片)
对照（蒸馏水）								
模拟干旱（20% PEG6000）								

[相关资料一]　干旱对植物生长发育的影响及植物的抗旱性

水是植物主要的组分之一，植物体含水量一般在 60%～80%，高者达 90%以上。植物生长发育同样需要大量的水。据报道，1 株玉米每天约需消耗 2kg 水，一生约需消耗 0.2t 水；烤烟每生产 1g 干物质，蒸腾作用耗水在 500g 以上。因此，水对植物的生长发育及生存有着非常重要的作用。全世界干旱和半干旱地区总面积约占陆地面积的 30%；中国干旱和半干旱地区约占我国土地面积的 50%。干旱已成为制约农业生产的最主要因素之一。

一、干旱对植物形态生长发育的影响

前人研究发现，干旱胁迫对植物的种子萌发、幼苗生长、营养生长、生殖生长和产量品质形成均有影响。如彭素琴等（2006）研究发现，随着干旱胁迫程度增加，金银花种子的发芽率、发芽指数、活力指数、芽长呈降低趋势。曹昀等（2008）发现，芦苇的幼苗高度、株高、基径、地上生物量随土壤含水量降低而降低。黄华等（2008）发现，女贞茎中的干物质含量随干旱增加而增加，但根和叶片中的则不断减少。顾永华等（2008）发现，茅苍术生殖生长期对水分胁迫较为敏感，干旱易导致根茎生长严重受抑而影响生殖生长和发育。汪耀富等（1996）发现，干旱胁迫下烟草生长发育严重受阻碍，其株高变矮，叶片变小，根系发育不良。

二、干旱对植物水分代谢、光合作用、呼吸作用和氮素代谢的影响

植物叶片的相对含水量、叶水势、叶片气孔导度和蒸腾强度是反映植株水分代谢状况的重要生理指标。随着干旱胁迫时间的延长和程度的增加，植物叶片的相对含水量、自由水含量和水势都明显降低，束缚水含量则逐渐增加。干旱胁迫也将导致叶片气孔导度和蒸腾速率减弱，以减少植株体内水分蒸腾散失和维持体内水分平衡。当遭受轻度干旱时，植物将通过加快水分吸收以维持体内水分平衡；当遭受严重干旱时，植物组织（根系和叶片等）严重受损，植株的蒸腾作用和吸水量均严重受抑制。

光合作用是地球上一切生命生存的根本。干旱对植物光合作用的影响与干旱胁迫程度有关。轻度胁迫时，光合速率下降幅度小；随着胁迫加剧，叶片水势下降到一定阈值后，光合速率开始大幅度下降；当干旱胁迫严重到一定程度，光合作用便会部分或完全受到抑制。王孝威（2003）研究发现，随着干旱增强，果树叶片相对含水量降低，气孔阻力增大，单株叶面积、净光合速率、气孔导度和蒸腾速率逐渐降低，光合作用明显受抑。张永强等（2002）发现，干旱胁迫降低了小麦叶绿体的调节能力、CO_2 的同化效率，抑制了叶片的光合作用。谭勇等（2008）发现，干旱胁迫降低了菘蓝叶片的叶绿素含量、植株的蒸腾速率和光合作用，导致生物量降低。总之，干旱通过以下途径影响光合作用：一是气孔导度降低，当水分亏缺时，叶中的脱落酸含量增加，导致气孔关闭，导度下降，进而减少了叶片中 CO_2 的进入；二是叶绿体光合活性（如叶绿素合成相关物质等）明显受抑制，表现在光合机构受损，叶面积扩展受抑等方面。

干旱对植物呼吸作用的影响也较为复杂，不同作物反应有所不同。有研究报道，黄豆、玉米、向日葵等植物幼苗的呼吸作用随干旱胁迫增强呈降低趋势；小麦等植物的呼吸作用随干旱胁迫增强呈先增加后降低趋势。轻度干旱时，有些植物通过增强呼吸来适应逆境环境；当处于中度干旱时，植物对逆境的适应性有所降低，导致其通过呼吸减弱来维持正常的生命活动；而遭受严重干旱胁迫时，植物的呼吸作用较为微弱，这可能是由于极度干旱导致细胞内自由水减少、水势降低，线粒体膜结构受损伤，进而抑制了植物的呼吸代谢。

干旱对植物氮素代谢也有影响。硝酸还原酶是氮代谢过程中的关键酶类之一，其能催化硝酸盐还原为亚硝酸盐。因此，硝酸还原酶活性的高低直接影响到植物氮代谢的过程。前人发现，有些植物（如烟草）对干旱十分敏感，即使在轻度干旱胁迫下，硝酸还原酶活性也严重受抑制，进而影响了植物的氮素营养代谢。齐伟等（2009）在玉米中研究发现，干旱胁迫降低了玉米干物质的积累和向籽粒的转移，氮收获指数和氮肥效率明显降低，这进一步表明干旱影响了植物氮素的合成转移和利用。

三、干旱对植物保护酶系统的影响

在正常情况下，植物体内活性氧与自由基的产生与清除处于动态平衡状态。植物遭受干

旱胁迫时，细胞内 O_2^-、·OH、H_2O_2 等活性氧自由基大量积累，引起细胞膜脂过氧化作用，导致植物组织受伤害甚至死亡。超氧化物歧化酶（SOD）、过氧化物酶（POD）、过氧化氢酶（CAT）是植物保护酶系统中重要的 3 种酶，其能有效清除植物体内的活性氧自由基而保护细胞免受伤害。徐兴友等（2008）研究发现，花卉幼苗根系的 POD 活性随干旱胁迫的增强呈降低趋势。时丽冉等（2010）发现，在中轻度干旱胁迫下地被菊的 SOD 和 CAT 活性明显升高，而重度干旱胁迫下则明显降低。

四、植物适应干旱机理

在长期进化中，植物通过形态特征的演变和一系列的生理生化反应的适应，逐渐形成了一些特异的耐旱避旱机制。如抗旱植物叶、茎、根具有以下特点，可以提高抗旱适应性，降低干旱损伤：

① 叶片表皮外壁有发达的角质层，以减少水分散失和降低蒸腾作用。

② 叶片具有表皮毛，减少植株强光照射和蒸腾失水。

③ 叶片背腹两面有发达的栅栏组织，减少植物干旱缺水时萎蔫带来的机械损伤。

④ 叶片的表面积与体积的比值较小。

⑤ 茎部木质化程度高、表皮具有茸状毛，角质层肥厚，可减少水分蒸散。

⑥ 根系纵深发达、根系分蘖多，增强根部吸水能力；有些植物根系还具有发达的根毛、厚厚的表皮和角质层，促进根系吸收利用土壤中的水分。

⑦ 一些植物还通过抑制株高、分枝数、基茎、叶片数量和叶面积等表现来减缓干旱伤害。

植物适应干旱的相关生理生化机制：

① 植物通过调节体内保护酶系统的活性，清除干旱胁迫引起的自由基积累，降低干旱胁迫损伤。

② 植物通过提高体内脯氨酸、可溶性蛋白等含量进行细胞渗透调节，以提高抗旱能力。如刘瑞香等（2005）发现，不同干旱条件下，沙棘叶内脯氨酸和可溶性糖含量随着干旱胁迫程度和胁迫时间的延长而增加。

③ 也有学者研究发现，激素对植物抗旱性亦有促进作用。如陈鹏等（2004）认为胡杨体内脱落酸（ABA）的累积是抵御干旱的一种主动有效方式，使胡杨生长速度下降，促进其体内同化物质的积累，提高胡杨的保水能力，增强对干旱逆境的适应能力。

五、农业上避免作物干旱的途径研究

干旱是农业生产上最主要影响因素，严重抑制了植物的生长发育和产量品质，给广大农民造成了巨大的经济损失。目前，农业上避免作物干旱的途径主要有：

① 改善耕作栽培措施降低干旱损失。如通过土壤肥力改良、覆膜保墒、合理轮作、外源激素处理等栽培技术配套应用均有利于减少作物干旱损失。

② 应用育种技术培育抗旱品种，提高抗旱能力。通过对植物资源进行抗旱性筛选以获得抗旱能力强的种质资源；利用抗旱性资源进行遗传改良，选育出高产、优质、抗旱性强的品种供干旱地区农业生产应用；从抗旱性强种质资源中挖掘出抗旱基因，通过克隆、转基因等现代生物技术将抗旱基因导入植物，结合育种技术选育高抗旱作物品种，以减少干旱损失。

③ 通过克隆调控植物保护酶、脯氨酸、可溶性蛋白、激素产生合成相关基因提高植物抗旱性。

总之，影响植物抗旱性的因素复杂多样，可以将调控这些影响因素的因子有机结合，提高植物的抗旱能力。

［参考方案二］　冷害对植物生长发育的影响

一、实训项目
冷害对黄瓜幼苗生长及相关生理生化性状的影响。

二、实训目标
通过综合实训，了解冷害对植物幼苗生长及相关生理生化性状的影响；提高文献查阅能力、试验设计水平和生理生化测定技能；开阔科研视野，培养科研能力和实际动手能力。

三、实训材料与仪器设备
（1）材料　黄瓜幼苗（两叶一心）。

（2）设备　盆钵、天平、烘箱、人工气候箱、分光光度计、高速台式离心机、核酸蛋白检测仪、移液器、冰箱、离心管、指形管等。

（3）试剂　双蒸馏水、$Na_2HPO_4 \cdot 12H_2O$、KH_2PO_4、无水乙醇、氯化三苯基四氮唑（TTC）、聚乙烯基吡咯烷酮（PVP）等。

四、技术路线
1. 查阅文献，确定与冷害密切相关的待测性状指标，并作出实验方案。

2. 对两叶一心的黄瓜幼苗进行低温处理。

3. 观察、调查低温处理后幼苗的生长状况，测定相关的生理生化指标。

4. 统计、分析试验结果。

五、方法步骤
1. 低温处理
将两叶一心的黄瓜幼苗定植于装有基质（或者营养土）的盆钵中成活后，在10℃设置的人工气候箱中低温处理5d（温度和时间可根据品种作调整）。常温下生长的黄瓜幼苗作为对照。黄瓜幼苗生长期间注意观察、适时浇水等。

2. 实验观察调查
调查第5d黄瓜幼苗的苗高、苗重、根长、根重、根系活力和可溶性蛋白含量。

① 苗高、根长、苗重和根重测定参考干旱对植物生长影响中的方法。

② 根系活力测定参考第一篇第十二章相关实训内容。

③ 可溶性蛋白含量测定参考朱世杨等（2010）文中方法。取黄瓜幼苗0.5g，用预冷的50mmol/L磷酸缓冲液［pH值7.2，含2%聚乙烯基吡咯烷酮（PVP）］研磨提取，匀浆后以7379g离心15min，上清液用日立U-0080D核酸蛋白检测仪测定可溶性蛋白含量。

六、观测与收集的数据和方法
1. 冷害处理下苗高、苗重、根长和根重的测定。

2. 冷害处理下幼苗相关生理生化指标的测定（表Ⅱ-12-2）。

表Ⅱ-12-2　冷害对植物生长影响的实验记载表

处理	苗高/cm	苗重/g	根长/cm	根重/g	根系活力/(OD_{485}/g 根重)	可溶性蛋白/(mg/g 苗重)
对照（常温）						
低温（10℃）						

试验材料 _____　组别 _____　姓名 _____

［相关资料二］　冷害对植物生长发育的影响及植物的抗冷性

温度是植物生长的必要条件，然而低温却是限制农作物生长的重要因素。根据低温程度不同可分为冷害（chilling injury）和冻害（freezing injury）。冷害是指 0℃ 以上低温对植物所造成的伤害。冻害是指 0℃ 以下低温对植物所造成的伤害。低温对植物的种子萌发、幼苗生长和产量品质均有不同程度伤害，给农业生产造成了巨大的经济损失。

一、冷害对植物形态的影响

冷害起源于热带及亚热带的植物或喜温植物，它们的生长临界温度高于 0℃，当大气温度低于 10～12℃ 时就可能发生冷害。除了温度，冷害对植物的损伤程度还与低温持续时间长短有关（马文月，2004）。如黄瓜、番茄和玉米等生长前期初遭冷害时表现为叶片受损、分枝出芽受阻、生长迟缓或停止，但遭受低温伤害时间延长时，植株将局部坏死，甚至整株死亡。低温胁迫对植株整个生育过程（种子萌发、植株生长、坐果、产量和品质形成等）均有不利影响。低温冷害的结果往往表现为苗弱、植株生长迟缓、叶斑、萎蔫、黄化、局部坏死、坐果率低、畸形花果、早抽花或抽薹、落花落果、根部受伤害、产量品质降低等不良现象，给农业生产带来严重的经济损失（马文月，2004）。

二、冷害对植物生理生化的影响

细胞膜的完整性是细胞赖以生存的基础。低温下植物体细胞膜透性增加，细胞内可溶性物质大量外渗，最终导致植物代谢失调。因此，可用植物相关组织的电导率值来表示细胞膜受损伤程度，进而间接反映出植物遭受冷害的程度。

光合作用同化合成有机物质，呼吸作用分解有机物质为生命提供能量。低温胁迫影响了植物正常的光合作用和呼吸作用。如陈杰中等（1998）研究发现，香蕉在低温胁迫下光合速率迅速下降，10℃ 处理 2d、5d、8d 后分别较对照降低 73.0%、83.8% 和 86.8%。肖艳等（2002）发现，观赏植物绿巨人的叶绿素含量随处理温度降低和处理时间延长逐渐降低。植物刚受到低温时植物通过提高呼吸速率进行自我保护以维持体内代谢和能量供给，但随着低温时间延长，呼吸速率大为降低，尤其是耐冷性差的植物的呼吸作用降低更为明显。

活性氧自由基 $O_2^-·$、$OH·$、H_2O_2 是植物生化反应中传递电子链的正常代谢产物，但必须及时去除以维持在低的动态平衡水平，否则将引起细胞膜脂过氧化导致细胞伤害或死亡。植物保护酶系统（SOD、POD、CAT 等）能够有效清除植物体内的活性氧自由基而保护细胞免受伤害。当植物刚遭受低温时，植物将通过提高体内保护酶系统活性来清除活性氧自由基而保护自身免受伤害，但随着低温时间的延长和低温胁迫程度的加深，植物体内保护酶系统活性降低，活性氧自由基增加，造成自由基大量积累导致细胞伤害或死亡。

植物的渗透调节与抗冷性密切相关。脯氨酸、可溶性糖和可溶性蛋白等有机物质是细胞渗透调节的主要物质。王荣富（1987）和陈发河等（1991）研究认为，植物在低温条件下通过脯氨酸积累来调节细胞内自由水的化学活性和生理活性，进而进行渗透调节，保护细胞免受低温伤害。周琳等（2001）发现，低温胁迫下小麦通过体内可溶性糖含量的增加作为渗透调节物质和防脱水剂以降低细胞水势，增强持水力。江福英等（2002）认为，低温胁迫下植物可溶性蛋白含量增加也起到类似的渗透调节作用。

三、提高农作物抗低温冷害的途径

低温胁迫是植物栽培中常常遇到的一种灾害。我国南北方的春秋冬季的农作物生产均有

可能受到低温冷害的影响。目前,生产中避免作物冷害的途径主要有:

①加强耐冷抗寒品种的选育推广应用。有些作物品种具有较强的耐冷抗寒能力,遭受冷害后加强管理可恢复正常生长。因此,通过耐冷抗寒品种的选育推广应用可降低冷害造成的经济损失。选育过程中,可通过对种质资源进行耐冷抗寒性筛选获得耐冷抗寒能力强的资源,再利用这些种质资源进行耐冷抗寒性育种改良,选育出高产、优质、耐冷抗寒的品种供农业生产应用。也可以结合现代生物技术进行耐冷抗寒性改良。首先应用现代生物技术挖掘出耐冷抗寒性基因,通过克隆、转基因等手段将其导入农作物,运用传统育种技术结合分子标记辅助选择(MAS)进行耐冷抗寒作物品种选育。

②通过作物栽培管理措施降低冷害损失。如配施有机肥、腐殖酸肥和磷钾肥,少施氮肥共同来防御低温冷害;通过小工棚、温室大棚等配套设施来抵御冷害;在作物基部覆盖一些植物组织,如稻草、秸秆等;冬季性生产的水果可通过套袋保护;寒潮袭击期间保持田间湿润小气候;加强冷灾后管理,天气回暖后,清除田间杂草、坏叶,整枝修剪,喷施保护性杀菌剂、叶面肥、植物生长调节剂等。

③通过克隆调控植物保护酶、脯氨酸、可溶性蛋白等合成相关基因来改善作物耐冷抗寒特性。

参 考 文 献

[1] 李合生. 植物生理生化实验原理和技术. 北京:高等教育出版社,2003.
[2] 黄学林,陈润政等. 种子生理实验手册. 北京:农业出版社,1990.
[3] 时丽冉,陈红艳,崔兴国. 干旱胁迫对地被菊膜脂过氧化和抗氧化酶活性的影响. 北方园艺,2010,9:96-98.
[4] 赵世杰,刘华山,董新纯. 植物生理学实验指导. 北京:中国农业科学技术出版社,1998.
[5] 云建英,杨甲定,赵哈林. 干旱和高温对植物光合作用的影响机制研究进展. 西北植物学报,2006,26(3):0641-0648.
[6] 徐兴友,王子华,张风娟等. 干旱胁迫对6种野生耐旱花卉幼苗根系保护酶活性及脂质过氧化作用的影响. 林业科学,2008,44(2):41-47.
[7] 彭素琴,刘郁林,谢双喜. 水分胁迫对不同产地金银花种子发芽的影响. 福建林业科技,2006,33(1):48-52.
[8] 黄华,梁宗锁,韩蕊莲. 持续干旱胁迫对女贞形态与生长的影响. 林业科学,2008,44(8):145-148.
[9] 张永强,毛学森,孙宏勇等. 干旱胁迫对冬小麦叶绿素荧光的影响. 中国生态农业学报,2002,10(4):13-15.
[10] 齐伟,王空军,张吉旺等. 干旱对不同耐旱性玉米品种干物质及氮素积累分配的影响. 山东农业科学,2009,7:35-38.
[11] 孙宪芝,郑成淑,王秀峰. 木本植物抗旱机理研究进展. 西北植物学报,2007,27(3):0629-0634.
[12] 陈鹏,潘晓玲. 干旱和NaCl胁迫下梭梭幼苗中甜菜碱含量和甜菜碱醛脱氢酶活性的变化. 植物生理学通讯,2001,37(6):520-522.
[13] 孙梅霞,祖朝龙,徐经年. 干旱对植物影响的研究进展. 安徽农业科学,2004,32(2):365-367,384.
[14] 马文月. 植物冷害和抗冷性的研究进展. 安徽农业科学,2004,32(5):1003-1006.
[15] 陈杰中,徐春香. 植物冷害及其抗冷生理. 福建果树,1998,2:21-23.
[16] 肖艳,黄建昌. 两种阴生观赏植物的抗冷性初探. 仲恺农业技术学院学报,2002,15(2):5-9.
[17] 王荣富. 植物抗寒指标的种类及其应用. 植物生理学通讯,1987,3:49-55.
[18] 陈发河,张维一. 低温胁迫对甜椒果实游离脯氨酸的影响. 植物生理学通讯,1991,27(5):365-368.
[19] 江福英,李延,翁伯琦. 植物低温胁迫及其抗性生理. 福建农业学报,2002,17(3):190-195.
[20] 周琳,侯秀丽,杨光宇等. 低温胁迫下冬小麦叶片中某些物质的变化. 周口师范高等专科学校学报,

2001, 18 (2)：36-38.

[21]　姚明华，徐跃进，李晓丽，袁黎. 茄子耐冷性生理生化指标的研究. 园艺学报，2001，28（6）：
　　　 527-531.

[22]　孙诚志，周立赖，吴刚. 湛江地区农作物冷害发生原因及应对技术探讨. 广东农业科学，2008，5：
　　　 38-39.

（朱世杨　编）

附 录

一、植物生理学中常用法定计量单位及其换算

说明：下表中的法定单位包括国际单位制（SI）单位和国家选定的非 SI 单位。注明非法定单位的是习惯用单位，应予废止。

计量名称与代号	法定单位			常用倍数单位	
	中文名称	符号	换算关系	中文名（符号）	换算关系
时间	秒	s		纳秒（ns）	$10^{-9}\,s$
	分	min	$60\,s$	皮（克）秒（ps）	$10^{-12}\,s$
	时	h	$60^2\,s$	飞秒（fs）	$10^{-15}\,s$
	日（天）	d	$24 \times 60^2\,s$		
长度（L）	米	m		千米（km）	$10^3\,m$
				百米（hm）	$10^2\,m$
				厘米（cm）	$10^{-2}\,m$
				毫米（mm）	$10^{-3}\,m$
				微米（μm）	$10^{-6}\,m$
波长（λ）	纳米	nm	$10^{-9}\,m$	纳米（nm）	$10^{-9}\,m$
面积（A，S）	平方米	m^2		平方分米（dm²）	$10^{-2}\,m^2$
	公顷	hm^2	$10^4\,m^2$	平方厘米（cm²）	$10^{-4}\,m^2$
				平方毫米（mm²）	$10^{-6}\,m^2$
				非法定单位：亩	$666.7\,m^2$
体积或容积（V）	立方米	m^3		立方分米（dm³）＝升（L）	$10^{-3}\,m^3$
	升	L	$10^{-3}\,m^3$	立方厘米（cm³）＝毫升（mL）	$10^{-6}\,m^3$
				立方毫米（mm³）＝微升（μL）	$10^{-9}\,m^3$
质量（m）	千克（公斤）	kg		克（g）	$10^{-3}\,kg$
	吨	t	$10^3\,kg$	毫克（mg）	$10^{-6}\,kg$
	原子质量单位	u	$1.6605402 \times$ $10^{-27}\,kg$	微克（μg）	$10^{-9}\,kg$
				纳克（ng）	$10^{-12}\,kg$
摩尔质量（M）	千克/摩（尔）	kg/mol		克/摩（尔）（g/mol）	$10^{-3}\,kg/mol$
物质的量（n）	摩（尔）	mol		毫摩（尔）（mmol）	$10^{-3}\,mol$
				微摩（尔）（μmol）	$10^{-6}\,mol$
				纳摩（尔）（nmol）	$10^{-9}\,mol$
				皮摩（尔）（pmol）	$10^{-12}\,mol$
物质 B 的质量浓度（ρ_B）[①]	千克/立方米	kg/m^3		千克/立方分米（kg/dm³）	$10^3\,kg/m^3$
	千克/升	kg/L		克/升（g/L）	$10^{-3}\,kg/L$
				毫克/升（mg/L）	$10^{-6}\,kg/L$
				微克/升（mg/L）	$10^{-9}\,kg/L$
	物质的质量浓度是 B 物质质量除以混合物体积（m/V）			非法定单位：百万分浓度（ppm） 相当于 mg/L（质量浓度）、mg/kg（质量比）或 μL/L（体积比）	

计量名称与代号	法定单位			常用倍数单位	
	中文名称	符号	换算关系	中文名(符号)	换算关系
物质 B 的浓度(C_B)	摩(尔)/升	mol/L		毫摩尔每升(mmol/L)	10^{-3}mol/L
	摩(尔)/立方米	mol/m³	10^3mol/L	微摩尔每升(μmol/L)	10^{-6}mol/L
				毫摩尔每毫升(mmol/mL)	1mol/L
物质 B 质量摩尔浓度(m_B)	摩(尔)/千克	mol/kg		非法定单位:	
				当量浓度(N)	1mol/L÷离子价数
压力、压强(p)	帕(斯卡)	Pa		兆帕(MPa)	10^6Pa
				非法定单位:	
				巴(bar)	10^5Pa
				大气压(atm)	$1.01325×10^5$Pa
				毫米汞柱(mmHg)	133.322Pa
能量(E)	焦耳	J		非法定单位:卡(cal)	4.1868J
功(W)	千瓦·小时	kW·h	$3.6×10^6$J		
摄氏温度(t)	摄氏度	℃	1		
热力学温度(T)	开(尔文)	K	273.15+x(℃)	华氏度(℉)	32+1.8x(℃)
光强度(I)	坎(德拉)	cd			
光亮度(L)	坎/平方米	cd/m²			
光通量(Φ)	流明	lm	1cd·sr	(sr 是立体角单位球面度的符号)	
光照度(E)	勒(克斯)	lx	1lm/m²		
电流(I)	安(培)	A		千安(kA)	10^3A
				毫安(mA)	10^{-3}A
电压(V)	伏(特)	V		千伏(kV)	10^3V
				毫伏(mV)	10^{-3}V
电阻(R)	欧(姆)				
电导(G)	西门子	S		毫西门子(mS)	10^{-3}S
	(姆欧)	℧			
电导率(T)	西门子/米	S/m		毫西门子/米(mS/m)	10^{-3}S/m
				微西门子/米(μS/m)	10^{-6}S/m

二、化学试剂的分级

规格标准和用途	一级试剂	二级试剂	三级试剂	四级试剂	生物试剂
我国标准	保证试剂 G. R. 绿色标签	分析纯 A. R. 红色标签	化学纯 C. P. 蓝色标签	化学用 L. R.	B. R 或 C. R
外国标准	A. R. G. R. A. C. S. P. A. X. Ч.	C. P. P. U. S. S Purisms ЧДА	L. R E. P Ч	P Pure	
用途	纯度最高,杂质含量最少的试剂。适用于最精确分析及研究工作	纯度较高,杂质含量较低。适用于精确的微量分析工作,分析实验室广泛使用	质量略低于分析纯,适用于一般的微量分析实验	纯度较低,适用于一般的定性检验	根据说明使用

三、常用酸碱及其他化合物的重要参数

名　称	分子式	相对分子质量	相对密度	百分含量/%	物质的量浓度/(mol/L)
盐酸	HCl	36.46	1.19	36.0	11.7
硝酸	HNO_3	63.02	1.42	69.5	15.6
硫酸	H_2SO_4	98.08	1.84	96.0	18.0
冰醋酸	CH_3COOH	60.03	1.06	99.5	56.9
氨水	NH_4OH	35.04	0.90	58.6	15.1
磷酸	H_3PO_4	98.00	1.69	85.0	14.7
甲酸	HCOOH	46.63	1.21	97.0	25.5
过氯酸	$HClO_4$	100.50	1.67	70.0	11.65
2-巯基乙醇		78.13	1.14	100.0	14.6
巯基乙酸		92.12	1.26	80.0	10.9
吡啶	C_5H_5N	79.10	0.98	100.0	12.4

四、实验室常用酸、碱溶液的配制方法

名称	密度	物质的量浓度	溶液中溶质的质量分数	配制方法
	/(g/cm³)	/(mol/L)	/%	
浓硝酸	1.42	16	69.80	
硝酸	1.20	6	33.0	将密度 1.42g/cm³ 的浓硝酸与等体积水混合
浓盐酸	1.19	12	37.23	
盐酸	1.10	6	20.0	将密度 1.19g/cm³ 的浓盐酸与等体积水混合
浓硫酸	1.84	18	95.6	
硫酸	1.18	3	24.9	将密度 1.84g/cm³ 的浓硫酸 165mL 慢慢倾入 835mL 水中
冰醋酸	1.06	17	99.5	
醋酸	1.047	6	35.0	将密度 1.06g/cm³ 的冰醋酸 348mL 与 652mL 水混合
浓磷酸	1.69	15	85	
浓氨水	0.90	13~14	25~27	
氨水	0.96	6	9.9	将 400mL 密度 0.9g/cm³ 的浓氨水与 600mL 水混合
氢氧化钠	1.22	6	19.7	溶解 240g 固体氢氧化钠于水中,稀释到 1L
氢氧化钾	1.14	3	15	溶解 168g 固体氢氧化钾于水中,稀释到 1L

　　注：表中所列为一般实验室常用的酸·碱溶液的简便配制方法。

五、各级酒精（脱水剂）配制

　　由于无水酒精价格较高，故常用 95% 的酒精配制。配制方法很简单，即用 95% 的酒精加上一定量的蒸馏水。可按下列公式推算：

$$所需加水量（mL）＝原浓度（95\%）酒精－配制浓度$$

所需配制酒精 体积分数/%	原有酒精 体积分数/%	原有酒精体积浓度－所配制的 体积浓度＝应加蒸馏水量/mL	配制时应加 酒精及水量
30	95	95－30＝65	30mL 酒精＋65mL 水
50	95	95－50＝45	50mL 酒精＋45mL 水
75	95	95－75＝20	75mL 酒精＋20mL 水
85	95	95－85＝10	85mL 酒精＋10mL 水

六、溶液配制方法

1. 固体溶质百分浓度溶液的配制

（1）质量分数　指 100g 溶液中所含溶质的质量（g）。配制时，需分别计算并称取溶质与溶剂的重量，再将其混合。

$$溶质重量＝溶液重量×浓度（质量分数）（\%）$$
$$溶剂重量＝溶液重量－溶质重量$$

（2）质量/体积百分含量指 100mL 溶液中所含溶质质量（g）

$$溶质质量＝溶液体积×浓度（\%）$$

称取计算得出的溶质质量（若溶质含结晶水应再折算），溶于少量溶剂（如水），继续添加溶剂至欲配制总体积。

2. 混合溶液配制方法

当溶质、溶剂都是溶液时，也可配制成不同浓度的稀溶液。

（1）质量分数　采用十字交叉法，计算出浓溶液（相当于溶质）和溶剂（或较稀溶液）的质量，将二者混合即为欲配制的溶液。

c：欲配质量分数（%）

c_1：浓溶液质量分数（%）

c_2：溶剂（或较稀溶液）质量分数（%）

a_1：浓溶液用量（质量）$a_1＝c_1－c$

a_2：溶剂（或稀溶液）用量（质量）$a_2＝c－c_2$

例：将 95% 乙醇，配成 75% 溶液。其方法是：

取 95% 乙醇 20 份质量，加 75 份质量的纯水。

（2）质量/体积百分含量　指 100mL 溶液中，所含溶质的质量（g）。

计算取用浓溶液质量时，需注意其含量。一些腐蚀性强的浓溶液不宜称量，应按其相对密度折算成体积量取。

例：用浓 H_2SO_4（含量 98.08%，相对密度 1.84）配成质量/体积百分含量为 10% 的稀 H_2SO_4 500mL。其配制方法如下：

$$浓 H_2SO_4 质量（g）＝\frac{稀 H_2SO_4 体积×稀 H_2SO_4 浓度}{浓 H_2SO_4 含量}$$

$$＝\frac{500×010}{0.9808}＝50.9788$$

$$浓 H_2SO_4 体积（mL）＝\frac{稀 H_2SO_4 质量}{相对密度}$$

$$=\frac{50.9788}{1.84}=27.1$$

量取 27.71mL 浓 H_2SO_4 缓慢倒入约 400mL 纯水中搅匀，再加水至总量 500mL。

计算公式：　　　　$$浓溶液体积=\frac{稀溶液体积\times稀溶液浓度}{浓溶液含量\times浓溶液相对密度}$$

3. 摩尔浓度溶液的配制

（1）一定摩尔浓度的溶液　摩尔浓度（c_B）指 1L 溶液中所含溶质（B）的物质的量（mol/L），亦可指每千克溶液所含溶质（B）的物质的量（mol/L），后者称为质量摩尔浓度（m_B）。

$$c_B=\frac{溶质物质的量}{溶液体积\ V(L)}=\frac{溶质的质量(g)/M}{V}$$

$$溶质的质量=c_B\cdot V(L)\cdot M$$

式中，M 为溶质的摩尔质量。

例 1：配制 500mL 0.2（mol/L）的 NaOH 溶液，其方法如下：
$$NaOH\ 的质量=0.2\times0.5\times40=4(g)$$

称取 4g NaOH 溶于少量水，再继续加水至总体积 500mL（0.5L）。

例 2：用浓盐酸（12mol/L）配制 0.3mol/L 的稀盐酸 2L，其方法如下：

$$浓\ HCl\ 体积(V')=\frac{稀\ HCl\ 体积(V)\times稀盐酸浓度\ c_B}{浓\ HCl\ 的浓度\ c_B'}$$

$$=\frac{2L\times0.3mol/L}{12mol/L}$$

$$=0.05L（即\ 50mL）$$

取 50mL 浓盐酸加入蒸馏水中，继续加水至总体积 2L。

（2）一定摩尔浓度溶液的稀释和浓缩　对溶液的稀释和浓缩常用的公式：
$$c_1V_1=c_2V_2$$

式中，c_1，c_2 表示起始浓度和最终浓度，而 V_1，V_2 则是对应的体积，每对单位都必须相同。

例：将 400mL 5（mol/L）的 KCl 溶液稀释到 1mol/L，则代入公式：
$$5\times400=1\times V_2$$

得　　　　　　　　　$$V_2=2000mL$$

即在 400mL 5（mol/L）的 KCl 溶液中加蒸馏水至 2000mL，便成 1mol/L 的溶液。

七、几种常用缓冲液的配制

1. 甘氨酸-HCl 的缓冲液（0.05mol/L）

pH 值	X	Y	pH 值	X	Y
2.2	50	44.0	3.0	50	11.4
2.4	50	32.4	3.2	50	8.2
2.6	50	24.2	3.4	50	6.4
2.8	50	16.8	3.6	50	5.0

甘氨酸相对分子质量是 75.07，15.01g 溶于水定容至 1L，即 0.2mol/L。

X mL 0.2mol/L 甘氨酸＋Y mL 0.2mol/L HCl 加水稀释至 200mL。

2. 柠檬酸-柠檬酸钠缓冲液（0.1mol/L）

pH 值	0.1mol/L 柠檬酸 /mL	0.1mol/L 柠檬酸钠 /mL	pH 值	0.1mol/L 柠檬酸 /mL	0.1mol/L 柠檬酸钠 /mL
3.0	18.6	1.4	5.0	8.2	11.8
3.2	17.2	2.8	5.2	7.3	12.7
3.4	16.0	4.0	5.4	6.4	13.6
3.6	14.9	5.1	5.6	5.5	14.5
3.8	14.0	6.0	5.8	4.7	15.3
4.0	13.1	6.9	6.0	3.8	16.2
4.2	12.3	7.7	6.2	2.8	17.2
4.4	11.4	8.6	6.4	2.0	18.0
4.6	10.3	9.7	6.6	1.4	18.6
4.8	9.2	10.8			

柠檬酸：$C_6H_8O_7 \cdot H_2O$，相对分子质量 210.14，21.02g 溶于水定容至 1L，即 0.1mol/L。

柠檬酸钠：$Na_3C_6H_5O_7 \cdot 2H_2O$，相对分子质量 294.12，29.41g 溶于水定容至 1L，即 0.1mol/L。

3. 醋酸（HAc)-醋酸钠（NaAc)缓冲液（0.2mol/L）

pH 值(18℃)	0.2mol/L NaAc/mL	0.2mol/L HAc/mL	pH 值(18℃)	0.2mol/L NaAc/mL	0.2mol/L HAc/mL
3.6	0.75	9.25	4.8	5.90	4.10
3.8	1.20	8.80	5.0	7.00	3.00
4.0	1.80	8.20	5.2	7.90	2.10
4.2	2.65	7.35	5.4	8.60	1.40
4.4	3.70	6.30	5.6	9.10	0.90
4.6	4.90	5.10	5.8	9.40	0.60

$NaAc \cdot 3H_2O$，相对分子质量 136.09，27.22g 溶于水定容至 1L，即 0.2mol/L。

每升 0.2mol/L HAc 液含 11.55mL 冰醋酸。

4. 磷酸缓冲液Ⅰ（1/15mol/L）

pH 值	1/15(mol/L) Na_2HPO_4/mL	1/15(mol/L) KH_2PO_4/mL	pH 值	1/15(mol/L) Na_2HPO_4/mL	1/15(mol/L) KH_2PO_4/mL
4.92	1.0	99.0	7.17	70.0	30.0
5.29	5.0	95.0	7.38	80.0	20.0
5.91	10.0	90.0	7.73	90.0	10.0
6.24	20.0	80.0	8.04	95.0	5.0
6.47	30.0	70.0	8.34	97.5	2.5
6.64	40.0	60.0	8.67	99.0	1.0
6.81	50.0	50.0	9.18	100.0	0.0
6.89	60.0	40.0			

$Na_2HPO_4 \cdot 2H_2O$，相对分子质量 178.05，11.876g 溶于水定容至 1L，即 1/15mol/L。

KH_2PO_4，相对分子质量136.09，9.078g溶于水定容至1L，即1/15mol/L。

5. 磷酸缓冲液 Ⅱ（0.2 mol/L）

pH 值	0.2mol/L Na$_2$HPO$_4$/mL	0.2mol/L NaH$_2$PO$_4$/mL	pH 值	0.2mol/L Na$_2$HPO$_4$/mL	0.2mol/L NaH$_2$PO$_4$/mL
5.7	6.5	93.5	6.9	55.0	45.0
5.8	8.0	92.0	7.0	61.0	39.0
5.9	10.0	90.0	7.1	67.0	33.0
6.0	12.3	87.7	7.2	72.0	28.0
6.1	15.0	85.0	7.3	77.0	23.0
6.2	18.5	81.5	7.4	81.0	19.0
6.3	22.5	77.5	7.5	84.0	16.0
6.4	26.5	73.5	7.6	87.0	13.0
6.5	31.5	68.5	7.7	89.5	10.5
6.6	37.5	62.5	7.8	91.5	8.5
6.7	43.5	56.5	7.9	93.5	7.0
6.8	49.0	51.0	8.0	94.5	5.3

$Na_2HPO_4 \cdot 2H_2O$，相对分子质量178.05，35.61g溶于水定容至1L，即0.2mol/L。

$NaH_2PO_4 \cdot H_2O$ 相对分子质量138.05，27.6g溶于水定容至1L，即0.2mol/L。

6. 硼酸-硼砂缓冲液

pH 值	0.05mol/L 硼砂/mL	0.2mol/L 硼酸/mL	pH 值	0.05mol/L 硼砂/mL	0.2mol/L 硼酸/mL
7.4	1.0	9.0	8.2	3.5	6.5
7.6	1.5	8.5	8.4	4.5	5.5
7.8	2.0	8.0	8.7	6.0	4.0
8.0	3.0	7.0	9.0	8.0	2.0

硼砂：$Na_2B_4O_7 \cdot 10H_2O$，相对分子质量381.43，19.07g溶于水定容至1L，即0.05mol/L。

硼酸：H_3BO_3 相对分子质量61.84，12.37g溶于水定容至1L，即0.2mol/L。

硼砂易失去结晶水，必须放带塞的瓶中保存。

7. 巴比妥缓冲液

pH 值(18℃)	0.04mol/L 巴比妥钠盐/mL	0.2mol/L 盐酸/mL	pH 值(18℃)	0.04mol/L 巴比妥钠盐/mL	0.2mol/L 盐酸/mL
6.8	100	18.4	8.4	100	5.21
7.0	100	17.8	8.6	100	3.82
7.2	100	16.7	8.8	100	2.52
7.4	100	15.3	9.0	100	1.65
7.6	100	13.4	9.2	100	1.13
7.8	100	11.47	9.4	100	0.70
8.0	100	9.39	9.6	100	0.35
8.2	100	7.21			

巴比妥钠盐相对分子质量206.2，8.25g溶于水定容至1L，即0.04mol/L。

八、植物组织培养常用培养基配方

单位：mg/L

药品	培养基	MS (1962)	White (1963)	B5 (1968)	N6 (1974)	H (1967)
大量元素	NH_4NO_3	1650	—	—	—	720
	$(NH_4)_2SO_4$	—	—	134	463	—
	KNO_3	1900	80	2500	2830	950
	KH_2PO_4	170	—	—	400	68
	$MgSO_4 \cdot 7H_2O$	370	720	250	185	185
	$CaCl_2 \cdot 2H_2O$	440	—	150	166	166
	KCl	—	65	—	—	—
	$Ca(NO_3)_2 \cdot 4H_2O$	—	300	—	—	—
	Na_2SO_4	—	200	—	—	—
微量元素	$NaH_2PO_4 \cdot H_2O$	—	16.5	150	—	—
	KI	0.83	0.75	0.75	0.8	—
	H_3BO_3	6.2	1.5	3.0	1.6	10
	$MnSO_4 \cdot 4H_2O$	22.3	7.0	—	4.4	25
	$MnSO_4 \cdot H_2O$	(16.9)		10		
	$ZnSO_4 \cdot 7H_2O$	8.6	3	2	1.5	10
	$Na_2MoO_4 \cdot 2H_2O$	0.25		0.25		
	$CuSO_4 \cdot 5H_2O$	0.025		0.025		0.025
	$CoCl_2 \cdot 6H_2O$	0.025		0.025		
	$Na_2\text{-}EDTA$	37.3		37.3	37.3	37.3
	$FeSO_4 \cdot 7H_2O$	27.8		27.8	27.8	27.8
	$Fe_2(SO_4)_3$	—	2.5	—	—	—
微量有机物	肌醇	100		100		100
	烟酸	0.5	0.5	1	0.5	5.0
	盐酸硫胺素	0.1	0.1	10	1	0.5
	盐酸吡哆醇	0.5	0.1	1	0.5	0.5
	甘氨酸	2.0	3.0	—	2.0	2.0
	叶酸	—				0.5
	生物素	—				0.05
其他	蔗糖	30000	20000	20000	50000	20000
	琼脂	10000	8000	10000	10000	8000
	pH 值	5.8	5.6	5.5	5.8	5.5

九、植物组织培养常用缩略语

缩写符号	中文名称	缩写符号	中文名称	缩写符号	中文名称
ABA	脱落酸	IAA	吲哚乙酸	TIBA	三碘苯甲酸
AC	活性炭	IBA	吲哚丁酸	PP333(MET)	氯丁唑(多效唑)
BA	6-苄基腺嘌呤	In vitro	离体(体外)	UV	紫外光
BAP	6-苄氨基腺嘌呤	In vivo	活体(体内)	VB6	盐酸吡哆素
CCC	矮壮素	KT	激动素	VB1	盐酸硫胺素
CH	水解酪蛋白	LH	水解乳蛋白	VC	抗坏血酸
CM	椰子汁	ME	麦芽浸出物	Vpp	烟酸
2,4-D	2,4-二氯苯氧乙酸	NAA	萘乙酸	VBc	叶酸
DMSO	二甲基亚砜	NOA	萘氧乙酸	YE	酵母浸提物
EDTA	己二胺四乙酸盐	PEG	聚乙二醇	ZT	玉米素
GA3	赤霉素	PVP	聚乙烯吡咯烷酮		

十、常用仪器的使用方法

1. 电子天平使用

（1）使用方法

① 开机预热，按去皿键，使天平显示值为 0.00g。

② 将物品放在秤盘上，显示值即为该物品的质量，按去皿键，显示值即回复到 0.00g，再将第二种物品放在秤盘上，显示值即为第二种物品的质量，再按去皿键，显示值又回复到 0.00g，天平可在称量范围内连续去皿。当秤盘上的总质量超过报警值时，天平显示超值报警符号"H"，此时应将物品拿去。

（2）注意事项

① 经常使用天平时，应使天平连续通电，以减少预热时间，使天平处于相对稳定状态。如果天平长期不用，应关闭电源。

② 天平应保持清洁，谨防灰尘等物钻入，不要放在腐蚀性气体的环境中。

③ 根据天平使用程度，应做周期性的检查校准。

④ 在搬动天平的安装和拆卸外围设备前，一定要关闭电源，以免损坏天平。

2. 紫外可见分光光度计（752N）的使用

（1）准备工作

① 确认仪器及电源是否完好。

② 仪器使用前需开机预热 30min。

（2）操作说明

① 仪器主要键盘介绍　共有 3 个键，分别为：

a. $A/\tau/C/F$ 键　每按此键来切换 A、τ、c、F 之间的值。

A 为吸光度（absorbance）；τ 为透射比（trans）；c 为浓度（conc.）；F 为斜率（factor）

b. 0％键　调零；只有在 τ 状态时有效，打开样品室盖，按键后应显示 0.000。

c. $\Delta/100\%$ 键　只有在 A、τ 状态时有效，关闭样品室盖，按键后应显示 0.00，100.00。

② 仪器的使用方法

a. 旋转波长调节器，选择测定所需的单色光波长。

b. 放入空白溶液和待测溶液，使空白溶液置于光路中，盖上比色皿室箱盖，使光电管受光，调节按键使 τ 值为 100％处。

c. 打开比色皿室箱盖（关闭光门），调节零点调节旋钮使 τ 值读数为 0％处，然后盖上箱盖（打开光门），调节光量调节旋钮使 τ 值读数为 100％处。如此反复调节，直到关闭光门进和打开光门时 τ 值读数分别为 0％和 100％处为止。

d. 将待测溶液置于光路中，盖上箱盖，读得待测溶液的 A 值。

e. 测量完毕后，关闭开关取下电源插头，取出比色皿洗净擦干，放好。盖好比色皿暗箱，盖好仪器。

（3）注意事项

① 使用比色皿时，只能拿毛玻璃的两面，并且必须用擦镜纸擦干透光面，以保护透光面不受损坏或产生斑痕。在用比色皿装液前必须用所装溶液冲洗 3 次，以免改变溶液的浓度。比色皿在放入比色皿架时，应尽量使它们的前后位置一致，以减小测量误差！

② 使用过程中，不得在仪器表面放任何东西，以免污染、腐蚀仪器！

③ 需要用紫外光测定的物质必须用适应比色皿！

④ 每台仪器配套的比色皿不能与其他仪器上的比色皿单个调换！

3. DDS-307 型数显电导率仪使用与维护

（1）安装好电极杆及电极夹，电极插座插上电导电极。

（2）接通电源开关，让仪器预热 10min 左右。

（3）用温度计测出被测液温度后，将温度电位器置于被测液相同的温度刻度上，当温度置于 25℃时，则无温度补偿作用。

（4）"校正-测量"开关置"校正"位，调节"常数"电位器，使数字显示值与电极常数值相一致。如果电极常数为 0.85，则调节"常数"电位器，使数字显示为 850；常数为 1.1，则调"常数"使显示为 1100（不必管小数点的位置）。

（5）将"校正-测量"开关置"测量"位，将"量程"开关扳到合适的量程挡，待数字显示稳定后，仪器的数字显示即为该被测液在 25℃时的电导率。

（6）如果显示值首位为 1，后三位数字熄灭，这表明被测溶液值超过量程范围，应将量程开关扳高一挡来测量，如读数很小，为提高精度，可扳低一挡量程来测。

（7）仪器在使用中应防止湿气和腐蚀性的气体进入仪器内部，电极插头，插座应保持清洁、干燥。

（8）电极在使用完毕后应用蒸馏水冲洗干净，盛放溶液的容器应干净，防止其他离子沾污。

4. Sartorius PB-10 pH 计操作规程

（1）准备工作　pH 计在使用前处于待机状态；电极部分浸泡于 4mol/L KCl 的电极储存液中。

（2）校准

① 按"Mode"（转换）键可以在 pH 和 mV 模式之间进行切换。通常通常测定溶液 pH 值将模式至于 pH 状态。

② 按"SETUP"键直至显示屏显示缓冲溶液组"1.68，4.01，6.86，9.18，12.46"，按"ENTER"确认。

③ 将电极小心从电极储存液中取出，用去离子水充分冲洗电极，冲洗干净后用滤纸吸干表面水（注意不要擦拭电极）。

④ 将电极浸入上述第一种缓冲溶液（1.68），搅拌均匀。等到数值稳定并出现"S"时，按"STANDARDIZE"键，等待仪器自动校准。

⑤ 将电极从第一种缓冲溶液中取出，洗净电极后，将电极浸入第二种缓冲溶液（4.01），重复步骤③和④。［注意测量值在 90％～105％可以接受，如果与理论值有更大偏差，将显示错误信息（Err.），电极应清洗，并重复上述步骤重新校准。］

（3）测量

① 测量时去离子水反复冲洗电极，滤纸吸干电极表面残留水分后将电极浸入待测溶液。

② 待测溶液轻轻摇匀，等待数值达到稳定出现"S"时，即可读取测量值。

③ 使用完毕后，将电极用去离子水冲洗干净，滤纸吸干电极上的水分。浸于 4mol/L KCl 溶液中保存。

（叶珍　单建民　编）